틴버겐이 들려주는 동물 행동 이야기

틴버겐이 들려주는 동물 행동 이야기

ⓒ 박시룡, 2010

초판 1쇄 발행일 | 2010년 9월 1일
초판 12쇄 발행일 | 2021년 5월 31일

지은이 | 박시룡
펴낸이 | 정은영
펴낸곳 | (주)자음과모음

출판등록 | 2001년 11월 28일 제2001-000259호
주   소 | 04047 서울시 마포구 양화로6길 49
전   화 | 편집부 (02)324-2347, 경영지원부 (02)325-6047
팩   스 | 편집부 (02)324-2348, 경영지원부 (02)2648-1311
e-mail | jamoteen@jamobook.com

ISBN 978-89-544-2208-6 (44400)

틴버겐이 들려주는

동물 행동
이야기

| 박시룡 지음 |

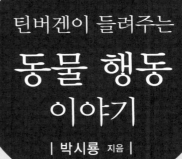

㈜자음과모음

틴버겐을 꿈꾸는 청소년을 위한
동물 행동 이야기

동물 행동학자 틴버겐은 기러기의 각인 행동을 연구한 로렌츠, 꿀벌의 8자 춤을 연구한 프리슈와 함께 1973년 노벨상을 공동으로 수상했습니다. 그는 물고기, 곤충, 새, 그리고 인간에 이르기까지 손가락으로 꼽을 수 없을 정도로 많은 종의 행동을 연구하였습니다.

특히 동물들의 행동을 통해 자극과 반응이 어떻게 이루어지는지에 대해 연구했습니다. 그중 초정상 자극이 동물에게 존재한다는 연구는 매우 우연히 알게 되었다고 합니다.

연구자들이 이렇게 의도하지 않은 수확물을 얻는 경우는 참 많습니다. 영국의 물리학자 뉴턴도 우연히 사과가 나무에서 떨어지는 것을 보고 만유인력의 법칙을 알아냈다고 합니다. 그러나 이러한 우연도 연구자들이 평상시 의문을 갖고 탐구하지 않았다면 가능했을까요? 사과가 떨어지는 현상을 뉴턴만 보았을 리 없습니다. 재갈매기가 자기가 낳은 알보다 큰 알을 품는 것을 틴버겐만 보진 않았을 것입니다. 훌륭한 과학자는 이렇게 호기심과 무한한 의문을 갖는 데서부터 연구를 시작합니다.

틴버겐은 학창 시절 자연 과학, 그중에서도 야생 동물 서적에 푹 빠져 지냈습니다. 하지만 우리나라에는 청소년들이 호기심을 충족시킬 만한 관련 서적이 매우 적습니다. 동물 행동학 분야는 더욱더 그렇습니다.

나는 이 책을 쓰면서 틴버겐이라면 어떤 내용을 가르칠까 곰곰이 생각해 보았습니다. 그리하여 고심 끝에 그가 썼던 저서와 연구물들을 모아 행동학에 관한 이야기를 만들어 보았습니다. 좀 어려운 용어도 나오지만 가능하면 쉽게 풀어 쓰려고 노력했습니다. 부디 우리 청소년들이 이 책을 통해 야생 동물 행동을 관찰하는 데 새로운 눈을 뜨는 계기가 되길 바랍니다.

박 시 룡

차례

1

동물 행동이란?

동물 행동이란 무엇이며, 그 연구 방법에 대해 알아봅시다.

첫 번째 수업

동물 행동이란?

틴버겐이 동물 행동에 대한 질문으로
첫 번째 수업을 시작했다.

오늘은 첫 수업이니만큼 동물 행동이 무엇인지 알아보기로 해요. 우선 행동이란 뭔가요? 대답해 볼 사람 있나요?

＿ 네, 움직이는 것입니다.

맞아요. 움직이는 것도 행동입니다. 그런데 동물 행동학에서는 움직이는 것 외에 부동의 자세도 행동으로 봅니다. 그래서 동물들의 몸짓, 소리, 활동 그리고 자신의 영역을 주장할 때 부동의 자세로 있는 것도 행동이라 할 수 있습니다. 행동과 비슷한 말에는 습성이 있습니다.

동물 행동을 알면 동물과 친해질 수 있습니다. 예를 들면,

개가 꼬리를 흔드는 것은 매우 반갑다는 표현입니다. 만약 개가 혀로 여러분의 얼굴이나 손을 핥는 행동을 했다면, 주인을 알아본 것이지요. 개는 자신의 충성심을 그러한 행동으로 표현하기 때문이지요. 이렇듯 개는 공격, 복종, 반가움 등을 행동으로 표현합니다.

우리는 어디에서 어떻게 살든 동물들과 여러 형태로 접촉하면서 관계를 맺고 있습니다. 사냥꾼들은 동물들이 다니는 길을 잘 알아야 합니다. 또 농부들은 농장에 있는 가축은 물론 농작물에 피해를 주는 생물들에 대한 습성을 잘 알고 있어야 합니다. 그리고 어부들은 언제 어디에서 고기가 잘 잡히며, 어떻게 해야 고기를 잡을 수 있는지 알아야 합니다. 도시에 사는 사람들도 마찬가지입니다. 바퀴벌레가 없어지길 바

랄 때나 애완동물을 키울 때에 그들의 습성을 알아야 하지요.

우리 조상들은 동물들을 사냥할 때 각 동물에 관해 잘 알아야만 했습니다. 바람이 부는 쪽에서 기다리거나, 동물이 눈치채지 못하도록 수풀 사이에 몸을 숨기거나, 언제든지 창을 던질 수 있도록 사냥감의 행동 하나하나에 정신을 집중했습니다. 우리 조상뿐만 아니라 오늘날 우리의 삶에도 동물의 행동은 깊이 관련되어 있습니다. 동물 행동을 연구하다 보면, 일상생활에 매우 유익하게 활용할 수 있다는 것을 알게 될 것입니다.

파브르 곤충기

여러분은 《파브르 곤충기》를 아시나요? 나는 어려서 이 책을 즐겨 읽었습니다. 아마 내가 동물 행동을 연구하게 된 것도 이 책의 영향을 받았기 때문일지도 모르겠습니다. 물론 이 책은 순수한 과학 책이라기보다는 파브르(Jean Henri Fabre, 1823~1915)가 곤충에 대한 자신의 관찰과 실험 내용을 기록한 문학 에세이에 가깝습니다.

과학자로서 파브르에게 배울 점이 있다면 그가 보여 주는 삶의 자세와 태도입니다. 파브르는 바람직한 과학자가 가져야 할 미덕을 고스란히 보여 주고 있기 때문입니다. 이를테면 자연과 생명의 비밀을 추구하는 뜨거운 지적 호기심, 무한하게 펼쳐 내는 창조적인 상상력, 어떠한 어려움에도 굴하지 않는 강인한 의지와 열정 등이지요.

　　그렇지만 나는 동물 행동을 더욱 객관적으로 관찰하고, 의문이 생기면 그것에 대해 가설을 만들고, 또 그 가설을 증명해 보이는 실험을 원했습니다. 그러니까 관찰해서 기록하는 것으로 끝나지 않았습니다. 항상 '왜?'라는 질문을 한 것이지요. 그리고 스스로 답을 생각해 봅니다. 이처럼 질문에 스스로 답하는 것을 과학자들은 가설이라고 합니다. 과학적 연구란 바로 스스로 답한 것을 증명해 보이는 과정을 말합니다. 그래서 실험이 필요합니다. 실험을 통해 내 답이 맞는지 틀린지를 검증합니다.

관찰 → 의문 → 가설 → 실험 → 검증

나는 수컷 큰가시고기를 야생에서 채집하여 어항 속에 넣었습니다. 물론 어항의 바닥에는 모래를 깔고 수초를 넣어 큰가시고기가 직접 둥지를 만들도록 했습니다. 그런 다음 어항 속에 암컷 한 마리를 넣어 주었습니다.

곧바로 이들은 짝짓기를 하고 둥지 속에 알을 낳았습니다. 그런데 수컷은 둥지를 향해 가슴지느러미를 열심히 흔들고 있었습니다. 거의 하루 종일 같은 행동을 보였지요. 오랜 시간을 관찰을 하다 보니 문득 '왜?' 라는 질문을 하게 되었습니다. 왜 큰가시고기 수컷은 둥지 위에서 지느러미를 흔들어 댈까요?

여기저기서 웅성거리는 소리가 들린다. 그때 한 학생이 대답했다.

__ 그것은 지느러미를 흔들어 부채를 부치는 효과를 내려

는 것 같습니다.

　표현이 참 좋군요. 그렇다면 가슴지느러미를 부채 부치듯 흔드는 이유는 무엇일까요? 더워서 흔드는 걸까요?

　＿ 그게 아니라 산소를 공급하기 위해서라고 생각합니다.

　좋습니다. 그럼 '왜'라는 질문에 대한 대답, 즉 각자가 생각하는 가설을 만들어 봅시다.

　가설 : 수컷 큰가시고기는 알에 산소를 공급하기 위해 지느러미를 부채질하듯이 흔든다.

　그다음은 이것을 증명할 실험이 필요합니다. 어떻게 하면 될까요?

또다시 여기저기서 수군거리는 소리가 들린다. 그러나 시간이 지나도 대답하는 학생이 없다.

이렇게 해 봅시다. 두 개의 수조를 준비합니다. 그리고 두 개의 수조에 알과 수컷 큰가시고기를 넣습니다. 이때 가장 간단한 실험은 한쪽 수조는 그대로 두고, 다른 수조에서는 수컷을 빼는 겁니다. 그리고 일주일이 지난 후 둥지에서 부화한 새끼의 수를 세어 봅니다. 만일 수컷이 들어 있는 수조의 둥지에서 부화한 새끼의 수(산란율)가 수컷을 뺀 수조의 둥지보다 더 많다면 아까 세운 가설을 입증한 셈입니다.

물론 동일한 가설을 설정하더라도 실험 방법은 사람마다 다를 수 있습니다. 어떤 사람은 한쪽 수조의 수컷 앞에 유리판을 놓아 산소가 둥지로 쉽게 들어가지 못하게 하고 다른 쪽의 수조는 원래대로 놓아둘 수 있습니다. 그 결과 유리판을 놓아두지 않은 쪽의 산란율이 높게 나타났다면, 분명 가설에 대한 입증이 이루어진 셈입니다.

여러분이라면 어떤 실험으로 가설을 증명해 보이겠습니까? 실험 방법은 한 가지가 아니라는 사실을 이미 잘 알고 있을 것입니다.

그때 한 학생이 손을 들고 말했다.

__ 제가 다른 방법 하나를 생각해 봤습니다. 두 개의 수조
에서 모두 수컷을 제거하는 겁니다. 그런 다음 한쪽의 수조
에 있는 둥지 안에 유리관을 연결하여 공기를 넣어 주고, 다
른 쪽은 그대로 놔두는 겁니다. 그런 다음 산란율을 측정하
는 거지요.

참 좋은 방법이군요. 그 방법도 틀림없이 좋은 결과가 나오
리라 기대합니다.

과학은 이렇게 관찰을 거듭하다 생긴 의문을 그냥 지나치
지 않습니다. 바로 가설을 세우고 그 가설이 맞는지 틀리는
지 실험으로 검증을 해야만 합니다.

여러분도 애완동물을 기르면서 주의 깊게 관찰하는 습관을
가져 보세요. 열심히 관찰하다 보면 '왜 그럴까?' 하는 의문
이 생길 때가 있을 겁니다. 그때 가설을 먼저 적어 보세요.
물론 그 답이 금방 머릿속에 떠오지 않을 때가 있습니다. 그
렇다고 해도, 포기하지 마십시오. 계속해서 흥미를 갖고 생
각을 하다 보면, 우연히 떠오를 수도 있습니다.

하지만 생각만으로 끝내서는 안 됩니다. 그 답을 증명할 수
있는 실험을 찾아야 합니다. 그 실험은 사람마다 다를 수 있

습니다. 만일 복잡한 방법과 간단한 방법이 있다면 간단한 방법을 권합니다. 이유를 지금부터 설명해 보겠습니다.

의식적인 사고가 아닌 단순한 방법으로 행동 연구

여기 지렁이 한 마리가 있다고 가정해 봅시다. 누군가 지렁이를 바늘로 찔렀더니 꿈틀거렸습니다. 이때 '왜 지렁이가 꿈틀거릴까?' 라는 질문을 했다고 합시다. 여러분은 어떻게 대답하겠습니까?

__ 아파서요.

맞습니다. 그러나 과학적인 대답은 아닙니다. 이와 비슷한 질문인데, 만일 잠자리가 나뭇가지 위에 앉아 있는데, 여러분 중 한 사람이 조심스럽게 그 잠자리에게 다가가 손으로 날개를 잡으려 하면, 잠자리는 금방 도망가 버립니다. 왜 잠자리는 도망갈까요? '무서워서' 라고 대답할 수 있겠죠.

'아프다' 혹은 '무섭다' 는 대답은 사람의 생각을 동물에 그대로 적용한 것이기 때문에 사실 과학적으로 해결할 수 없습니다. 지렁이는 신경 구조가 사람과 똑같지 않습니다. 사람처럼 아픔을 느낀다는 과학적 증거가 없기 때문에 우리 기분을 그대로 적용할 수는 없습니다.

만일 여러분 가운데 누군가가 어미 제비가 새끼에게 먹이를 주는 행동을 관찰했다고 합시다. 그러면 왜 어미는 새끼에게 먹이를 줄까요?

__ 박사님, 그건 너무 당연한 질문이 아닐까요?

바로 그겁니다. 우리는 사람의 눈높이로 생각하는 습관이 있기 때문에, 이 질문이 아주 당연한 거라고 생각합니다. 그래서 우리의 눈높이를 동물의 눈높이에 맞추는 것이 필요하지요. 그럼 방금 질문을 한 학생, 당연한 질문에 한번 대답해 보세요.

__ 그거야 음……, 사랑하니까 먹이를 주는 거 아닐까요?

틴버겐 박사는 잠시 생각을 하더니, 칠판에 다이아몬드 5개를 옆으로 나란히 그린다. 처음 것이 가장 크고, 5번째가 가장 작다. 그런 다음 각 다이아몬드 위에 반원을 그리고 그 위에 2개씩 점을 찍었다. 그제야 학생들이 알아보고 웃음을 터뜨렸다. 영락없이 5마리의 새끼 새가 입을 벌리고 있는 모습이었다.

우리는 과학적인 방법으로 사랑을 증명할 수 없습니다. 그래서 나는 지금 어미가 새끼에게 먹이를 주는 행동을 관찰했

고, 어미가 왜 새끼에게 먹이를 나눠 줄까를 생각해 봤습니다. 그런 다음 이런 가설을 생각해 보았습니다.

어미는 새끼의 입 모양을 눈으로 보고 먹이를 주는 것이다.

자세히 관찰해 보면 어미는 새끼들에게 같은 먹이를 나눠 먹이지는 않습니다. 부리로 물고 온 먹이를 한 마리에게 주고, 또다시 먹이를 물고 와서 다른 새끼에게 먹입니다. 그런

데 흥미로운 점은 금방 받아먹은 새끼에게 다시 먹이를 넣어
주는 일이 없다는 것입니다. 나는 새끼들의 입 크기가 달라,
어미가 골고루 먹이를 나눠 줄 수 있다고 생각했습니다.

이제는 이 생각을 실험을 통해 입증해야 합니다. 마분지로
새끼 입 모형을 만들었습니다. 새끼 머리의 모형은 필요 없
습니다. 그냥 벌린 입 모형을 만든 후, 입 안쪽을 모두 똑같
은 노란색으로 칠했습니다. 그리고 광택제를 발라 입안에 윤
기가 나도록 했습니다. 한 개는 첫 번째 새끼 제비의 입보다
크고, 다른 하나는 막내 제비의 입보다 작게 만들었습니다.
그리고 긴 철사에 이 입을 매달았습니다.

어미 제비가 둥지 위로 나타나자, 5마리의 새끼들은 동시
에 입을 벌렸습니다. 나는 재빨리 큰 모형의 입을 새끼들의

입 앞에다 갖다 대 보았습니다. 예상했던 대로 어미는 이 가짜 입에 부리를 깊숙하게 집어넣고 먹이를 주었습니다. 한참을 기다렸다가 두 번째로 어미가 먹이를 물고 왔을 때, 이제는 작은 모형 입을 대 봤습니다. 이 작은 가짜 입에는 어미가

과학자의 비밀노트

동물 행동과 환경

새끼들의 입 크기가 조금씩 다른 이유는 알에서 부화하는 시기가 조금씩 달라서이다. 먼저 부화한 새끼는 입이 크고 나중에 부화한 새끼는 입이 작다. 어미는 이걸 보고 새끼들에게 골고루 먹이를 나눠 준다.

새끼가 모두 알에서 부화한 첫날에는 80회 정도 먹이를 날라다 준다. 어미가 처음으로 먹이를 갖고 오면 모두가 입을 벌린다. 그러면 가장 큰 입을 벌린 새끼에게 먹이를 주고, 3~5분 정도 지나서 두 번째는 다음으로 입이 큰 새끼에게 먹이를 준다. 이때 첫 번째는 먹이가 모이주머니 속에 남아 있기 때문에 배가 고프지 않아, 입을 크게 벌리지 않는다. 이런 식으로 세 번째, 네 번째, 다섯 번째 순으로 먹이를 준다.

이렇게 다섯 마리 새끼들에게 골고루 한 번씩 먹이를 다 먹이려면 20여 분이 걸린다. 그러나 요즘에는 농약 등으로 벌레가 절대적으로 부족하여 어미들이 먹이를 운반해 오는 시간이 더 많이 걸린다. 좋은 환경에서 먹이를 한 번 운반해 오는 시간이 5분 이내면, 다섯 마리 새끼들을 모두 길러 내는 데 문제가 없다. 그러나 먹이를 한 번 잡아 오는 시간이 10분 정도 걸리면, 두 번째 새끼를 먹이고 세 번째 먹이를 운반해 왔을 때는 벌써 30분이 지나 버려 다시 첫째의 입이 크게 벌어진다. 이때 어미는 셋째 새끼의 입에 넣어 주지 않고 다시 첫째 새끼의 입에 먹이를 넣어 준다. 이렇게 환경이 나빠질 경우 첫째와 둘째만 키우고 셋째, 넷째, 다섯째는 모두 굶어 죽게 된다.

전혀 반응을 보이지 않았습니다.

실험을 통해 어미는 새끼들이 사랑스러워서 먹이를 먹인다기보다, 새끼들의 입에 자극을 받아 먹이를 넣어 준다고 결론지었습니다. 이와 같이 동물 행동의 연구는 사람의 의식적인 사고보다는 단순한 방법을 통해 증명합니다. 이런 식으로 동물 행동을 이해하고 접근한다면, 여러분도 훌륭한 과학자가 될 수 있습니다.

2

동물 행동의 기본 원리
– 큰가시고기

큰가시고기를 비롯한 다양한 동물들의 행동 원리와
그 기준에 대해 알아봅시다.

2

두 번째 수업

동물 행동의 기본 원리
– 큰가시고기

틴버겐이 큰가시고기의
행동에 대한 이야기로
두 번째 수업을 시작했다.

이번 시간에는 큰가시고기의 행동에 대한 이야기를 하려고
합니다. 왜냐하면 내가 동물 행동의 기본 원리에 대해 처음
밝힐 수 있었던 것이 큰가시고기를 연구하면서부터이기 때
문입니다. 큰가시고기는 불과 어른 손가락만 한 크기이지만
나에게는 매우 큰 영감을 가져다준 물고기입니다. 아니 이
물고기가 나에게 노벨상을 안겨 주었다고 해도 과언이 아닙
니다.

여러분은 이 물고기를 본 적 있나요? 큰가시고기는 유럽에
도 있지만 한국에도 살고 있어요. 동해안의 강릉 경포 호수

에서 이 물고기를 쉽게 볼 수 있는데, 산란기가 되면 바다에서 호수로 올라옵니다.

불과 7cm 크기의 이 물고기는 매년 봄이면 산란을 하기 위해 바다에서 강으로 무리 지어 올라옵니다. 등지느러미가 변해 가시가 3개 나 있는 듯 보여 그런 이름이 붙었습니다. 물론 가시가 등에만 있지는 않습니다. 배와 꼬리에도 하나씩 나 있습니다. 큰가시고기는 이 가시를 어디에 쓸까요?

__ 자기 몸을 보호할 때 사용합니다.

네, 맞습니다. 방어용 무기입니다. 큰가시고기가 상대를 공격할 때를 보면 가시를 곤두세워 공격합니다.

화려한 색으로 변신하여 춤으로 암컷을 유혹

큰가시고기는 번식기를 제외하고는 무리 지어 삽니다. 하지만 번식기에는 복잡한 사회성을 띱니다. 우선 수컷들은 무리에서 떨어져 나와 터를 정합니다. 그런데 큰가시고기가 번식기가 되면 매우 위협적으로 변합니다. 다른 수컷이 터를 침범하면 주인이 곧바로 위협을 합니다.

수컷 큰가시고기의 위협 행동은 아주 특이합니다. 지느러

두 마리 큰가시고기 수컷들의 영토 경계 싸움

미의 가시들을 세우고 물어뜯을 듯이 입을 벌려 상대에게 돌
진할 뿐만 아니라, 상대가 달아나지 않고 저항할 때는 터의
주인이 물속에서 몸을 수직으로 세우고 마치 코 부분을 모래
속에 처박을 듯이 몸을 움직입니다. 이때 배지느러미 가시들
은 모두 똑바로 세웁니다.

　따뜻한 봄 수온이 조금씩 올라가면 수컷은 둥지를 짓기 시
작합니다. 자리를 정해 놓고 바닥에서 모래를 한 입씩 가져
와서 12~15cm 정도 둘레에 떨어뜨립니다. 이런 식으로 얕
은 구덩이가 만들어집니다.

그런 다음 주로 실 모양의 수초를 둥지 재료로 모아 오고, 그것들을 구덩이 속에 눌러 놓습니다. 때때로 그 위로 천천히 몸을 떨면서 기어 다니는데, 수초들을 서로 달라붙게 하는 끈끈한 접착액을 분비하는 것입니다.

몇 시간 혹은 며칠이 지난 후에 초록빛을 띤 둔덕이 만들어지고 나면, 수컷은 스스로 그 안을 꿈틀거리며 지나가 터널을 만들어 놓습니다. 드디어 둥지가 완성된 것입니다.

그러면 수컷은 즉시 몸의 색깔을 바꿉니다. 반짝이는 눈과 함께 밝은 빛깔의 등과 어두운 붉은빛의 아랫부분이 수컷을 두드러져 보이게 합니다. 이런 매력적인 모양을 자랑하면서 수컷은 자기가 만든 터 위를 으스대며 다닙니다.

그동안 암컷은 둥지 짓는 일에는 전혀 신경을 쓰지 않습니다. 화려한 색깔의 수컷과 달리 암컷은 밝은 은색을 띠면서,

과학자의 비밀노트

혼인색

어류 · 파충류 · 양서류 등이 번식기에, 몸 표면에 독특한 빛깔을 띠는 것을 말한다. 대개 수컷에게 나타난다. 어류에서는 연어 · 피라미 · 황어 · 은어 · 가시고기 등에서 혼인색을 볼 수 있다. 파충류에서는 배 쪽이 붉은색을 띤다. 뇌하수체나 정소를 제거하면 없어진다.

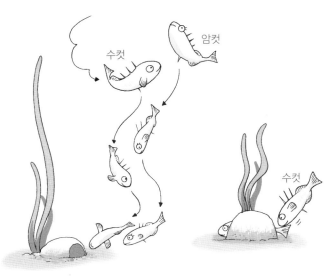

큰가시고기의 혼인춤과 짝짓기

난소에서 자란 부피가 큰 알들 때문에 배가 부풀어 있고 몸은
아주 무겁습니다.

　암컷은 수컷들이 만들어 놓은 터를 배회합니다. 각각의 수
컷들은 암컷을 받아들일 준비가 끝나면, 암컷 주위에서 기묘
한 춤을 추기 시작하는데 이 춤을 혼인춤이라고 합니다.

　큰가시고기의 혼인춤은 급작스럽게 변하는 동작들로 구성
되어 있습니다. 암컷으로부터 멀리 떨어져 나가는 듯하다가
빙그르 돌고, 입을 넓게 벌린 채로 갑자기 암컷에게 돌아갑
니다. 때때로 수컷은 암컷과 부딪치기도 하는데, 대개는 암

컷 바로 앞에 멈춰 서서 다음 동작을 하기 위해 돌아섭니다. 이런 지그재그 형태의 춤을 본 대부분의 암컷들은 놀라 달아나지만, 산란할 만큼 충분히 성숙한 암컷은 정반대로 수컷에게 다가가며 동시에 몸을 곧게 세웁니다.

곧바로 수컷은 한 번 빙 돌아서 둥지 쪽으로 서둘러 헤엄쳐 갑니다. 그러면 암컷은 그 뒤를 따릅니다. 둥지에 다다르면, 수컷은 먼저 입구에 코 부분을 들이밉니다. 이것은 암컷이 쉽게 집으로 들어가게 하려는 것입니다.

암컷은 꼬리를 강하게 움직이면서 좁은 구멍을 통과하여 미끄러져 들어갑니다. 이때 암컷의 머리는 한쪽 끝에 나오고, 꼬리는 처음 들어갔던 입구에 위치하게 됩니다. 이제 수컷은 코로 암컷의 꼬리를 재빨리 쿡쿡 찌르기 시작합니다. 잠시 후 암컷은 꼬리를 들어 산란을 시작합니다.

산란이 끝나면 암컷은 조용히 둥지를 빠져나오고, 수컷이 미끄러지듯 들어가서 알들을 수정시킵니다. 이 행동은 2~3초도 채 되지 않는 매우 빠른 시간 안에 이루어집니다.

수정이 모두 끝나면 수컷은 암컷을 쫓아 버리고 다시 둥지로 돌아와서 찢어진 둥지를 수리하기 시작합니다. 그리고 알들은 둥지의 지붕 아래로 안전하게 숨깁니다. 이것으로 큰가시고기의 수정은 끝이 납니다.

새끼를 돌보는 것은 수컷 큰가시고기의 몫

수컷은 며칠 동안 구애를 반복합니다. 이를 통해 자신이 만들어 놓은 둥지 속에 몇 무더기의 알을 더 모을 수도 있습니다. 그러면 수컷의 성적 욕구는 약해집니다. 이때가 되면 새끼를 돌봅니다.

알과 새끼를 돌보는 일이 수컷의 몫입니다. 수컷은 포식자의 접근을 막고 알들에게 통풍을 시킵니다. 큰가시고기의 통풍은 '부채질하기'라고 부르는 특이한 동작에 의해 이루어집니다. 수컷은 둥지의 입구에 서서 머리를 기울인 채 가슴지느러미를 앞으로 번갈아 움직여 둥지 안으로 물이 흘러가게 합니다.

이때 큰가시고기의 모습은 매우 흥미롭습니다. 보통 물고기가 움직일 때는 지느러미와 꼬리를 움직여 앞으로 전진합니다. 그러나 큰가시고기는 가슴지느러미를 위아래로 움직여 물의 흐름을 만든 다음, 일부는 둥지 쪽으로 나머지는 몸 뒤쪽으로 보냅니다. 이때 꼬리도 움직여 같은 자리에 서 있게 됩니다.

둥지, 환경 그리고 알들로부터 오는 복잡한 자극 상태가 이 활동을 조절합니다. 부채질을 하는 시간은 알이 부화하기 전까지 계속 늘어납니다. 처음에는 30분마다 200초가량 부채질을 합니다. 이것은 그 주가 끝날 때까지 점점 늘어나서 하루의 $\frac{3}{4}$을 차지하게 됩니다.

새끼들은 7~8일 후에 알에서 깨어나서 하루쯤 둥지에 남아 있습니다. 그리고 움직이기 시작합니다. 그러면 수컷은 부채질을 갑자기 멈추고, 이제 아빠로서 새끼들을 조심스럽게 호위하기 시작합니다.

새끼 중 한 마리가 무리 속에서 빠져나가려 하면, 아빠 큰

새끼들을 호위하는 아빠 큰가시고기

가시고기는 입으로 덥석 물어서 무리 속에다 도로 뱉어 냅니다. 그러나 대개 새끼들은 너무 느려서 아빠로부터 도망칠 수 없습니다.

가끔씩 새끼들이 아빠로부터 도망치는 경우가 있습니다. 새끼들이 하나씩 갑자기 쏜살같이 물 표면으로 달려갔다가, 표면에 닿으면 다시 아래로 돌진해 내려오는 것입니다. 아빠는 새끼들을 놓쳐 버리지만 새끼들이 아래로 다시 내려온 뒤에 잡을 수 있습니다. 새끼들의 이런 묘한 행동은 특별한 의미가 있습니다.

물 표면에서 새끼들은 미세한 공기의 기포를 덥석 무는데, 그 기포는 내장과 좁은 한쪽 통로를 거쳐 부레에 이릅니다. 일단 첫 번째 기포가 부레에 도착하면, 부레는 그것에 의해 더 많은 가스를 만들 수 있습니다.

어린 고기가 일생에 단 한 번, 물 표면으로 돌진하는 짧은 여행이 빨라야 하는 데는 두 가지 이유가 있습니다. 바로 포식자로부터 스스로 방어하기 위함이고, 그다음으로는 아빠 큰가시고기의 감시에서 벗어나야 하기 때문입니다.

그 후 2주 동안 새끼들이 좀 더 자라면 점차 활동적이 되어 둥지로부터 더 멀리 이동하게 됩니다. 이제 새끼들 스스로가 자신을 지키게 됩니다. 그러나 아빠는 계속 자기 새끼들을 호위합니다.

시간이 지나면 아빠 큰가시고기는 점차 그 일에 흥미를 잃고 화려했던 빛깔도 잃습니다. 몇 주 후에는 자기 터를 떠나서 동료들의 무리를 찾아 나서거나, 생애를 마무리합니다. 대부분의 새끼들은 자신들과 비슷한 나이의 무리를 만나 큰무리를 이루며 살아갑니다.

암컷 모형을 향해 구애하는 큰가시고기

큰가시고기를 관찰하고 있으면, 짝짓기 행동에서 매우 궁금한 게 있어요. 과연 수컷은 암컷의 어떤 모습을 보고 반할까요? 사람처럼 아름다운 몸매나 큰 눈, 오똑한 코에 반할까요? 나는 큰가시고기의 행동을 아주 단순화시켜 보았습니다.

수컷의 지그재그 춤을 보고 암컷이 다가옵니다. 그리고 암컷이 다가오면 수컷이 둥지로 이끌며, 암컷은 수컷을 따라갑니다.

이것을 모형이나 모조품을 사용하여 실험할 수 있습니다. 알을 밴 암컷의 조잡한 모형이 수컷의 영토에 나타났을 때, 수컷은 다가가서 지그재그 춤을 출 것입니다. 모형이 수컷

조잡한 암컷의 모형을 향해 구애하는 큰가시고기

쪽으로 돌아서서 가면 수컷은 회전하여 암컷을 둥지 쪽으로 이끕니다.

비슷한 방법으로 알을 밴 암컷이 수컷의 모형에 반응하도록 유도할 수도 있습니다. 이번에도 단순한 물고기의 모형이면 충분합니다. 다만 아랫부분을 붉게 칠해 두어야 하지요. 밝은 푸른색 눈도 도움을 줄 것입니다. 그 외에 다른 세세한 점은 필요하지 않습니다. 다만 수컷 모형이 알을 밴 암컷의 둘레에서 지그재그 춤만 춘다면, 암컷은 모형 쪽으로 돌아서서 다가갈 것입니다.

만약 모형을 헤엄쳐 가도록 하면 암컷이 모형을 따라갈 것이며, 수컷의 모형이 둥지 입구를 보여 주면 암컷이 수족관의 바닥에 들어가려고 시도하도록 하는 것도 가능합니다.

이때 물고기는 전적으로 상대방의 동작에만 반응하는 것이 아니라, 형태와 색채의 어떤 면에도 반응을 합니다. 만약 모형 암컷이 알을 밴 암컷과 같이 배가 부풀어 있지 않다면, 수컷이 춤추도록 자극할 수 없습니다. 만약 수컷 모형의 아랫부분이 붉지 않다면 암컷은 수컷 모형에 관심을 보이지 않을 것입니다. 다른 상세한 모습은 거의 영향을 미치지 않습니다. 그래서 살아 있지만 알을 배지 않은 암컷보다 조잡하지만 알을 배고 있는 모형이 수컷의 짝짓기 행동을 유발시키기가 더 쉬운 것입니다.

붉은색만 보면 공격하는 수컷

나는 실험실에 20개의 어항을 준비하고 각 어항에 수컷을 한 마리씩 넣었습니다. 그랬더니 모두 어항 속에 자신의 터를 정해 놓고 둥지를 틀었습니다. 이때 모든 수컷들은 혼인색(붉은 배)을 띠고 있었습니다. 나는 실험실의 모든 수컷들이 약 90m 밖에서 지나가는 우편배달부의 차를 공격하려는 것을 보았습니다.

우편배달부의 차는 무슨 색이었을까요?

＿ 붉은색이오.

네, 맞아요. 붉은색입니다. 그날 우편배달부 차가 창밖으로 지나갔습니다. 20개의 어항이 커다란 창문을 따라 줄지어 있었는데, 모든 수컷들이 창 쪽으로 돌진해 가서는 그 차를 따라 움직이는 것이었습니다. 이 수컷들은 등의 가시를 모두 세우고 맹렬히 공격을 시도했지만 번번이 수족관의 유리벽

큰가시고기 수컷의 싸움을 일으키기 위해 사용된 여러 모형. 완전한 모습의 모형에는 반응이 없지만, 조잡하지만 붉은색을 띤 모형에 강한 공격 반응을 일으킨다.

에 가로막히곤 했습니다.

이때 수컷 큰가시고기의 공격을 일으키는 원인은 바로 붉은색이라는 사실을 알게 되었습니다. 수컷 큰가시고기의 공격을 유발하기 위해 여러 모형을 사용해 보았습니다. 큰가시고기의 모습을 완전히 갖춘 은색 모형은 공격을 거의 받지 않았습니다. 그러나 배 쪽에 붉은색이 있는 모형은 강력한 공격을 받습니다.

왜 큰가시고기가 붉은색에만 공격 반응을 보일까요? 사실 큰가시고기가 사는 곳에는 자신들의 경쟁자인 다른 수컷 외에는 살지 않습니다. 그러니까 붉은색이면 모두 자신들의 경쟁자라고 여기는 셈이죠. 큰가시고기의 공격 행동도 붉은색에만 반응하도록 진화해 온 것입니다.

저쪽에 있군요.

와아~
이 수족관에 정말 동화책에 나오는 큰가시고기가 있는 거예요?

어, 저건가 봐요?

음…, 몸에 가시가 뾰족한 게 맞는 거 같아요!

큰 가시고기가 혼인춤이 끝나고 부채질을 하고 있군요.

혼인춤이요?

부채춤이요?

큰가시고기는 혼인춤으로 짝짓기를 해서 수정을 하지요.

수정이 끝나면 수컷이 알을 지킨답니다.

큰가시고기는 알이 부화할 때까지 부채질을 하여 산소를 공급하지요. 또 키우기까지 하여 부성애가 강한 물고기로 유명하답니다.

책에서도 봤지만 직접 보니까 정말 감동이에요!

그 책 나 좀 빌려 줘.

알았어. 이 책을 읽으면 너도 아빠의 사랑에 감사하게 될 거야.

아니, 아빠가 전기 아낀다고 나한테 부채질을 시키시는데, 큰가시고기 좀 본받으시라고 하려고 그래.

뭐라고?!

동물 행동을 일으키는 신호

동물들은 특정 자극에 특유의 행동을 보입니다.
동물 행동을 일으키는 자극에 대해 알아봅시다.

3

세 번째 수업

동물 행동을 일으키는 신호

틴버겐이 학생들에게 질문을 하며
세 번째 수업을 시작했다.

자! 여러분 조금 전 벽에 걸린 벽시계의 '째깍째깍' 소리를 들었습니까?

__ 아니요. 그런데 지금은 들려요.

방금 전에는 왜 들리지 않았을까요? 그 이유는 바로 여러분이 내 목소리에만 정신을 집중해서입니다.

이걸 보면 사람은 자신의 감각 기관에 전달된 여러 가지 정보에 대해 모두 알아채고 있는 것이 아님을 알 수 있습니다.

동물들도 마찬가지입니다. 독일의 동물 행동학자인 헤스(Carl von Hess)는 꿀벌은 모두 색맹이라고 결론을 내렸습니다. 그는 꿀벌을 실험실로 가져와 두 종류의 빛에 대한 반응을 알아보는 실험을 했습니다. 그때 꿀벌은 빛의 색깔과는 관계없이 언제나 밝은 쪽으로만 날아갔습니다. 그래서 헤스는 꿀벌이 빛의 밝기는 구별하지만 색은 구별하지 못하는 색맹이라고 결론을 내렸습니다.

그러나 그의 결론은 오스트리아의 젊은 과학자 프리슈(Karl von Frisch, 1886~1982)에 의해 잘못된 것으로 드러났습니다.

프리슈는 꽃들이 아름다운 색깔을 띠는 이유가 있을 거라고 생각했습니다. 이를 증명하기 위해 꿀벌이 꿀을 따고 있는 야외에서 실험을 했습니다. 그는 빛 대신에 여러 가지 색깔의 두꺼운 종이와 밝기가 다른 회색의 두꺼운 종이를 꿀벌

과학자의 비밀노트

프리슈(Karl von Frisch, 1886~1982)
오스트리아의 동물학자로 담수어인 피라미의 몸 색깔 변화를 연구하여 박사 학위를 취득하였다. 로스토크 대학 · 브레슬라우 대학 · 뮌헨 대학의 교수를 역임하였다. 피라미의 색각 · 미각 등 감각과 꿀벌을 연구하였는 데 후각의 연구(1919), 언어와 춤의 연구(1923)는 획기적이었다. 로렌츠, 틴버겐과 함께 1973년 노벨 생리 · 의학상을 수상하였다.

에게 보여 주었습니다. 그 결과 꿀벌은 꿀을 모을 때 색깔, 특히 노란색과 푸른색에 민감하게 반응했습니다.

앞서 헤스가 했던 꿀벌 실험은 벌이 도망가려던 행동이었던 것입니다. 이와 같이 꿀벌은 달아나려고 할 때 색깔보다는 밝은 쪽의 빛을 향해 반응한 것이었습니다. 그러니까 꿀벌은 색맹이 아니라 상황에 따라 색맹처럼 행동하다가도 어느 순간에는 색깔을 인식하여 행동하는 것입니다.

조금 전에 여러분에게 벽시계의 째깍거리는 소리를 예로 든 것과 같은 원리입니다. 특정 목소리에 집중하고 있으면 여러분은 시계 소리를 듣지 못하게 되는 셈입니다. 그러나 시계 소리에 대해 이야기를 꺼냈더니 다시 그 소리를 들을 수 있었습니다.

어떤 한 동물이 지금 어떤 정보를 감지하고 있는가는 지금 그 동물이 무엇을 하고 있는가에 따라 결정됩니다. 따라서 외부의 자극이 동물 행동에 어떤 조절을 하고 있는지 완전히 알려면 그 동물이 '무엇에 대해 반응하는가?'를 연구하는 것만으로는 충분하지 않습니다. 동물이 어느 순간, 무엇에 몰두하고 있는가를 발견해야만 합니다.

나는 이런 문제가 지금까지 왜 연구되지 않았을까 하고 의문을 갖게 되었습니다. 그러나 내가 이 분야에 대해 집중적인 연구를 시작한 이후로 동물 행동에 대단히 흥미 있는 현상을 있다는 사실을 발견했습니다. 그래서 이 현상을 굴뚝나비의 경우로 설명해 보겠습니다.

모형에도 반응하는 굴뚝나비

짝짓기 계절에 수컷 굴뚝나비가 어떻게 암컷을 찾는지 실험을 해 보았습니다. 굴뚝나비의 수컷들은 주로 나무껍질이나 건조한 모래땅에 앉아 있길 좋아합니다. 이때 암컷이 수컷 위를 날아가면 수컷이 어디선가 날아와 뒤쫓는 경우가 종종 있습니다.

만일 암컷이 짝짓기를 원하면 먼저 땅에 내려앉고 뒤이어 수컷이 내려앉아 땅 위에서 구애가 시작됩니다. 암컷이 짝짓기를 원하지 않으면 그냥 날아가 버리는데, 뒤쫓던 수컷은 2~3m 추적하다가 그대로 땅에 내려앉았다가 다음 암컷이 지나가길 기다립니다.

그러면 여기서 무엇이 수컷으로 하여금 암컷을 향하여 날아오르게 했을까요? 암컷이 매력적으로 보여서요? 아니면 암컷이 무슨 냄새 물질을 발산해서요? 나는 이 의문을 풀기 위해 실험을 해 보고 매우 놀라운 사실을 알게 됐습니다.

나는 야외에서 굴뚝나비를 관찰할 기회가 참 많았습니다. 굴뚝나비 수컷은 암컷이 지나갈 때만 날아오르는 것이 아니라 조그마한 파리에서부터 자기보다 훨씬 큰 다른 나비에 이르기까지 무엇이든지 지나가기만 하면 날아올랐습니다. 심지어는 어처구니없게도 개똥지빠귀와 같은 아주 큰 새가 날아가도 따라가려고 했습니다.

더욱 놀라운 일은 다양한 크기와 형태 또 여러 색깔의 나뭇잎이 공중에서 떨어져도, 아니 나뭇잎의 그림자조차도 쫓아가려 했습니다. 가끔씩 자신의 그림자에 대해서도 반응한다는 사실을 알았습니다.

굴뚝나비의 수컷이 자기 종의 암컷과는 전혀 다른 물체에 대해서도 추적하려 한 것을 볼 때, 분명 이 수컷들은 시각 작용이 중요하고, 냄새 자극은 그리 중요하지 않다는 것을 알 수 있었습니다. 냄새가 중요했다면 나뭇잎이나 자신의 그림자에 반응을 보이지 않았겠죠.

그러나 크기, 형태, 색깔 등의 시각 요인 중에서 무엇이 중요한지는 알 수가 없었습니다. 그래서 나는 종이로 나비 모형을 만들고, 이것을 90cm 정도의 가느다란 막대 끝에 1m 길이의 실에 매달았습니다. 모형 나비를 이용한 실험은 처음

땅 위에 앉아 있는 수컷 굴뚝나비 앞에서 흔들어 보이는 것이었습니다. 실험 결과 수컷들은 항상 모형 나비에 강한 반응을 보였기 때문에 좀 더 세심한 실험을 하기로 했습니다.

이번에는 여러 가지 모형을 만들어 몇 가지로 구분하여 각각 한 개씩 특성이 다른 실험을 했습니다. 예를 들면, 어떤 실험은 색깔만 다르고 모양은 똑같은 모형으로 하고, 어떤 실험은 색깔과 크기가 같으나 모양만 다르게 하고 또 다른 실험은 크기만 바꾸었습니다.

나는 이 실험을 하기 위해 막대기와 모형을 한 손에 들고

틴버겐이 굴뚝나비 수컷에게 막대기와 모형을 보여 주는 모습

굴뚝나비를 찾아다녔습니다. 그러다 수컷을 만나면 언제나 똑같은 방법으로 모형을 보여 주면서 그때그때마다 수컷이 나비 모형에게 반응을 일으키는 정도를 알아보았습니다.

나는 이 실험을 야외에서만 5만 번 정도 했습니다. 그 결과 암컷을 닮았다는 것은 중요한 요인이 안 된다는 사실을 알게 되었습니다. 또 암컷의 날개 실물을 모형에 매단 경우도 전체를 갈색으로 칠한 모형의 경우보다 많은 반응을 나타내지는 않았습니다. 그런데 수컷들은 어떤 색깔의 모형을 내밀어도 반응을 나타냈지만, 흥미롭게도 가장 효과가 있었던 색깔은 검은색이란 것을 알게 됐습니다. 흰색이 가장 효과가 적고 검은색이 가장 좋았지요.

그럼 크기는 어떨까요? 나는 정상적인 암컷 크기의 $\frac{1}{6}$에서 4.5배에 이르는 여러 단계의 크기로 모형을 만들었습니다.

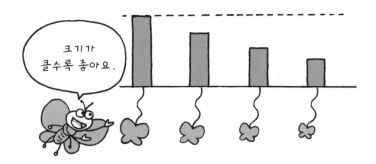

수컷들은 놀랍게도 자기보다 큰 모형을 더 좋아했습니다.

　실험을 해 보니 형태는 그리 중요하지 않다는 사실을 알았습니다. 나는 기다란 직사각형, 나비 모양, 원형 등 형태는 다르지만 면적이 같은 모형을 만들었습니다. 긴 직사각형이 가장 효과가 나빴지만 그것은 모양 때문이 아니라 다른 형태와 달리 잘 흔들리지 않았기 때문이었습니다.

　그렇다면 흔들림이 반응을 일으키는 한 요소가 될 수 있습니다. 그래서 움직임의 방식에 대해서도 실험을 했습니다. 같은 모형을 하나는 나풀거리면서 춤추듯 움직이게 하고, 다른 하나는 그냥 직선 운동을 하게 했더니 나풀거리면서 춤추듯 나는 모형에 더 큰 반응을 보였습니다. 지금까지의 실험 결과를 종합해 보면, 수컷들은 왜 새나 낙엽, 그림자, 혹은 같은 종의 암컷이라고는 도저히 생각할 수 없는 것까지 따라가려고 했는지 충분히 이해할 수 있었습니다.

굴뚝나비의 수컷에게 형태는 별 의미가 없습니다. 아름다운 색깔도 상관없습니다. 중요한 것은 크기와 색깔, 움직임이었습니다. 그렇다면 수컷은 어떻게 '암컷이다'고 느끼는 것일까요?

여기서 굴뚝나비의 수컷들은 사람과 전혀 다른 방식으로 암컷을 인식한다는 가능성을 생각해야 했습니다. 사람들은 한눈에 '저 사람은 여성이다'와 '저 사람은 여성이 아니다'를 '예'와 '아니요'로 생각합니다.

그러나 나비는 그렇게 확실한 결정을 내리지 않습니다. 즉 나비는 '75% 암컷이다' 혹은 '50%가 암컷이다'고 단계적으로 반응하는 것입니다. 따라서 그 반응의 빈도는 유혹하는 대상이 암컷과 비슷한 정도에 의존하고 있는 것입니다.

이런 식으로 자꾸 생각을 전개해 나가다 보니 전혀 다른 생각을 할 수 있었습니다. 우리는 자극 자체뿐 아니라 자극의 양에 대해서도 생각을 해야 한다는 느낌이 들었습니다. 검은색 나비는 흰색 나비보다 훨씬 강하게 수컷을 자극합니다. 여기서 자극에 대한 반응이 자동적이라는 사실입니다.

　예를 들어, 흰 모형을 검은 모형보다 크게 만들어 보여 주니까 검은 모형과 같은 강도의 반응을 보였습니다. 마찬가지로 흰 모형이나 비교적 효과가 적은 작은 모형은 흔들어 주면 효과를 높일 수 있었습니다. 즉 어떤 자극의 부족은 다른 종류의 자극을 증가시켜 보충할 수 있었습니다.

자극의 근원을 찾아서

　또 하나의 뚜렷한 현상이 있습니다. 그것은 암컷이 가지고 있는 어떤 특성, 예를 들면 색깔이 자극을 일으키는 데 전혀 영향을 주지 않는다는 것입니다. 그럼 굴뚝나비의 수컷은 색맹일까요? 그러나 벌의 경우를 생각해 보면 색맹이라고 단정할 수는 없습니다. 꿀벌은 꽃에서 꿀을 따야 하기 때문에 꽃의 아름다운 색채는 벌을 유인하는 자극으로 작용하고 있는 것이 분명합니다.

그래서 나는 여러 가지 색깔을 칠한 모형을 굴뚝나비가 꿀을 빨고 있을 때 보여 주기로 했습니다. 굴뚝나비 수컷들은 전혀 다른 행동을 보였습니다. 거의 예외 없이 노란색과 푸른색의 모형에 반응했습니다. 게다가 회색 모형에는 전혀 반응을 하지 않아 틀림없이 색 감각을 갖고 있다는 사실을 보여 주었습니다. 다시 말하면 굴뚝나비가 색에 대해서 자극이 되는지, 아니면 단순하게 대상의 명암에 따라 자극되는지는 나비가 그때 무엇을 하고 있는가에 따라 결정됩니다.

여러 종류의 동물을 대상으로 그들의 다양한 행동에 대해 알아봤습니다. 다른 동물들도 굴뚝나비와 같이 단순하며 자동적으로 반응하는 것에 대해 알아보는 일은 참 흥미로운 일이었습니다.

물방개붙이라는 수서 곤충이 있습니다. 이 곤충은 작은 물고기나 메뚜기, 올챙이 등을 잡아먹고 사는데 이들의 섭식 행동은 매우 서툴기 짝이 없습니다. 물방개붙이의 눈은 잘 발달되어 있고 시각도 우수하지만 먹이를 향해 똑바로 헤엄쳐 갈 줄을 모릅니다. 어떻게 보면 먹이가 눈에 전혀 보이지 않는 것처럼 느껴질 정도죠. 그러나 먹이에 접근하게 되면 평소에 조용히 헤엄치던 모습과 달리 요란스럽게 헤엄을 치면서 먹이를 찾아냅니다.

그럼 여기서 어떤 자극이 물방개붙이로 하여금 먹이를 추적하게 하는지 살펴봅시다.

먼저 올챙이를 넣은 시험관을 물방개붙이가 있는 수조 속에 넣어 보았습니다. 물방개붙이는 올챙이를 전혀 알아채지 못하고, 시험관에 부딪혀도 아무런 행동을 하지 않았습니다. 그러나 투명한 시험관 대신 올챙이를 헝겊 주머니에 넣어 물방개붙이 옆에 넣으면 시각적으로 완전히 차단되어 있는데도 맹렬한 반응을 보입니다. 즉 물방개붙이는 헝겊 주머니를 앞발로 붙들고 물어뜯습니다.

헝겊 주머니를 옮기면 어떨까요? 주머니 방향을 따라 불규칙하게 헤엄칩니다. 올챙이가 살던 수조의 물을 떠서 부어 줘도 똑같은 행동을 보입니다.

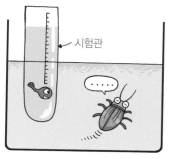

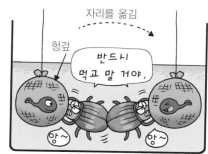

이것으로 물방개붙이가 먹이를 찾을 때 냄새에 반응한다는 것을 알 수 있습니다. 그러나 이 수서 곤충은 땅 위를 기어갈 때는 분명히 눈을 사용해서 장애물을 피해 갑니다. 결국 물방개붙이는 먹이를 찾을 때 감각의 일부분만을 사용한다는 사실, 즉 먹이를 찾는 데 시각을 전혀 사용하지 않는다는 결론을 내릴 수 있습니다.

나는 이것을 '여과'라고 이름을 붙였습니다. 모든 동물들은 매 순간 환경으로부터 오는 많은 정보 속에서 살아가고 있습니다. 이러한 정보 대부분은 동물들에게 의미가 없고, 생물학적으로 중요한 일부, 즉 적과 먹이 혹은 동료에 대한 정보만을 받아들입니다. 그러므로 동물들이 갖추어야 할 가장 중요한 능력 중 하나는 반응이 일어나는 자극을 선택하는 데 있습니다. 그래서 주변의 모든 자극들이 감각 기관을 거쳐 중추 신경에 도달하면 그곳에서 여과되어 아주 특정 자극에만 반응을 하는 것이지요.

대조에 의한 선택

가끔씩 동물들은 자연스런 자극보다 과장된 자극에 대해

반응을 보일 때도 있습니다. 굴뚝나비를 가장 크게 자극하는 것은 정상적인 크기의 암컷 모형이 아니라 그보다 큰 모형이었습니다. 다시 말해 우리는 실물보다 효과가 더 큰 자극이 있다는 것을 발견했습니다. 이것을 초정상 자극이라고 합니다. 동물들에게 정상적인 자극보다 더 활발한 반응을 보이게 하는 자극이라는 뜻입니다.

검은머리물떼새에게 자신이 낳은 알보다 큰 알을 보여 주면 자신의 알보다 훨씬 큰 알을 품으려 합니다. 검은머리물떼새는 보통 3개의 알을 낳는데, 5개의 알무더기를 옆에 놓아 주면 3개의 알을 품지 않고 5개의 알을 품으려 합니다.

한편 재갈매기 혹은 회색기러기는 원래 알보다 더 눈에 띄는 색깔이나 더 큰 알 혹은 모형 알을 보여 주면 원래의 알을 선택하지 않고 모형 알을 둥지로 굴리거나 품으려 합니다.

이런 예는 얼마든지 많습니다. 검은방울새는 자연의 소리를 들려주었을 때보다 특정 주파수의 소리를 들려주었을 때 더 강한 반응을 보입니다. 큰가시고기 수컷들도 마찬가지입니다. 원래 크기의 암컷 모형보다 더 크고 더 납작한 모형을 선호합니다.

왜 이런 현상이 일어나는 것일까요? 더 큰 알을 좋아하면 큰 알을 낳으면 될 텐데, 왜 새들은 실제로 작은 알을 낳을까요? 작은 알은 큰 알보다 적의 눈에 덜 띄기 때문입니다. 그리고 품기도 더 쉬울 거예요. 그래서 자연은 잘 품을 수 있고, 적의 눈에도 덜 띄는 쪽으로 알 크기가 선택되어 왔을 거라고 생각합니다. 타협인 셈이지요.

과학자의 비밀노트

뻐꾸기의 탁란

뻐꾸기는 스스로 둥지를 짓지 않는다. 다른 새(숙주 새)의 둥지에 알을 맡겨 그 숙주 새로 하여금 자신의 알을 부화시키게 한 후 기르게 한다. 대개 뻐꾸기 새끼가 숙주 새의 알보다 일찍 부화하여 숙주 새의 알을 내다 버린다. 그리고 숙주 새로부터 혼자 먹이를 받아먹으며 자란다. 한국에 서식하는 뻐꾸기의 숙주 새로는 굴뚝새, 붉은머리오목눈이, 휘파람새 등이 있다. 뻐꾸기는 비둘기 정도 크기로, 숙주 새들은 대개가 참새만 한 크기의 작은 새이다.

이런 초정상 자극 현상이 자연 상태에서도 나타나는 것을 발견할 수 있습니다. 새로 태어난 뻐꾸기는 숙주 새끼 새의 목구멍보다 더 광택이 납니다. 결국 이것은 숙주 새 어미로부터 강한 반응을 불러일으켜 숙주 새 어미는 뻐꾸기 새끼에게 먹이를 주게 됩니다.

신호 자극을 상세히 연구하다 보면 우리는 그것이 겉보기보다 단순하지 않다는 것을 알게 됩니다. 개똥지빠귀의 새끼는 태어나서 10일쯤 지나면 어미 새 쪽으로 입을 벌립니다. 모형을 가지고 새끼들에게 실험해 본 결과, 새끼들은 어미의 입이 아니더라도 그들 위에서 움직이는 것이 있으면 무엇이

붉은머리오목눈이가 뻐꾸기 새끼에게 먹이를 주는 모습

든 입을 벌린다는 사실을 알게 되었습니다.

　모형으로 원판을 사용했을 때 둥지 속 새끼들은 원판의 제일 윗부분, 즉 보통 때 어미의 머리 위치가 되는 부분을 향하여 입을 벌립니다. 그러나 원판에 돌출부를 달아 실험해 보면 이번에는 돌출부를 어미 새의 머리라고 생각합니다. 더구나 돌출부를 어미의 머리라고 여길 수도 없는 원반의 밑바닥에 붙여도 그곳을 향해 입을 벌립니다. 이 경우 형태보다는 크기가 중요한 것 같습니다. 특히 흥미로운 것은 상대적인 크기로 어미의 머리라고 인식하는 것이었습니다.

　만일 머리 부분을 신체 부분과 거의 같은 크기로 해서 실험해 보면 그때는 머리라고 생각되지 않는지, 머리 부분을 작게 했을 때처럼 반응을 일으키지 않습니다. 이것은 크기가 다른 2개의 돌출부(원판)를 몸체인 원판에 달아 실험해 보아도 알 수 있습니다. 새끼는 머리 부분과 가장 비슷하게 느껴지는 방향을 향해 입을 벌립니다. 즉 몸체가 클 때는 2개의 돌출부 중에서 큰 쪽으로 반응하고, 몸체가 작을 때는 작은 쪽을 향하여 목을 뽑습니다.

　이렇게 자극들을 대조하여 선택하는 작용은 동물 행동에서 예외적이라기보다 일반적 현상이라고 생각합니다. 인간도 대조에 의해 얼굴을 알아봅니다. 사람의 얼굴 가운데 눈을

개똥지빠귀 새끼의 어미 모형 실험

중심으로 이마가 더 길면 어려 보이는 얼굴이며, 반대로 코
와 턱 부분이 더 길면 어른스럽게 보이는 것과 같습니다.

행동의 자물쇠와 열쇠

이 수업에서 나는 동물들의 행동은 외부 자극에 의해 일어
난다는 이야기를 했습니다. 마치 동물들의 행동은 열쇠와 자
물쇠 같아서, 행동을 자물쇠라고 한다면 외부 자극은 열쇠로
비유할 수 있습니다. 행동의 자물쇠가 잠겨 있을 때, 그것을
열기 위해서는 그 자물쇠에 맞는 열쇠가 있어야 합니다.

굴뚝나비 수컷의 구애 행동을 유발하는 열쇠는 검은색을 띠고 적당한 크기로 나풀거리면서 날아가면 됩니다. 열쇠는 자연과 같은 암나비처럼 색깔과 모양이 정교하지 않고 그 속에 들어 있는 아주 단순한 특징으로 이루어져 있습니다.

한 예로 스웨덴에서 수력 발전 계획을 추진하면서 연어 어장이 완전히 망한 일이 있었습니다. 이때 상담에 응한 동물 행동학자들은 조사 결과 연어가 살아가기 위해서는 작은 돌멩이가 깔린 바닥이 필요하다는 사실을 알아냈습니다. 그것도 특별한 종류의 돌멩이, 즉 호두만 한 돌멩이가 필요했던 것입니다. 그 후 강물의 바닥에 돌멩이를 깔아 주는 간단한 처리를 했더니 연어들이 되살아나 그 지방의 어업을 구제할 수 있었습니다.

동물들은 환경으로부터 오는 정보의 홍수 속에서 살지만, 그렇다고 주변 환경으로부터 오는 모든 정보들을 다 받아들이는 것은 아니라는 사실을 알 수 있었습니다. 동물들은 상황에 따라, 즉 지금 무엇을 하는가에 따라 외부 자극을 선택적으로 받아들이고 있는 것입니다.

4

행동의 **내부 조절 요인**

동물들은 상황에 대처하며 다양한 행동을 합니다.
동물 행동의 내부 조절 요인에 대해 알아봅시다.

4

틴버겐이 동물 행동을 유발하는
내부 조절 요인에 대한 주제로
네 번째 수업을 시작했다.

동물은 외부 자극에 의해 행동을 합니다. 적을 발견하면 도
망가는 행동 혹은 발정한 암컷을 발견하면 성적 행동을 하는
것은 모두 외부 자극에 의한 것입니다. 그런데 과연 이 외부
자극만 행동을 일으킬까요?

외부 자극이 있어도 그 동물의 몸 상태에 따라 행동이 달라
질 수도 있습니다. 예를 들어, 방금 먹이를 배불리 먹은 동물
은 다시 맛있는 먹이를 줘도 먹으려고 하지 않습니다. 이와
같이 동물 행동은 그 동물의 내부 조건에 따라서 달라지는
데, 이번 시간에는 그런 것들에 대해 이야기하려고 합니다.

동물 행동은 같은 환경에서 여러 차례 관찰해 보면 완전한 반응에서 무반응에 이르기까지 아주 다양합니다. 또 어떤 때는 아주 강한 자극이 있어야 행동을 보이고, 반대로 지극히 약한 자극에 대해서도 행동을 일으킬 때가 있습니다. 극단적으로 자극이 없어도 행동이 유발될 때가 있습니다. 이와 같은 행동을 진공 행동이라고 합니다. 한 예로 파리는 항상 날개에 먼지가 묻으면 곧바로 청소를 합니다. 그런데 날개를 떼어 버린 파리나 날개가 전혀 없는 변이형의 파리도 규칙적으로 먼지를 털어 내는 행동을 합니다.

이와 같은 행동은 완전히 자발적으로 일어나는 것처럼 보입니다. 그러나 만일 동물의 진공 행동에 대한 원인을 증명하려고 한다면 내부적인 조절 요인을 직접 파헤쳐 봐야 합니다.

행동의 내부 조절자 호르몬

가장 잘 알려진 조절 요인의 하나는 호르몬의 작용입니다. 호르몬은 동물 몸속의 내분비샘에서 나와 혈액을 통해 온갖 성장 과정을 자극할 뿐만 아니라 갖가지 행동의 유발에도 영향을 미칩니다. 예를 들면, 수탉을 거세하고 나면 성호르몬이 없기 때문에 새벽에 시간을 알려 주지 않고, 짝짓기도 하지 않습니다. 또 거세된 큰가시고기 수컷은 집을 짓지 않습니다. 그러나 거세한 동물이라도 그들에게 수컷 호르몬을 주사해 주면 다시 정상적으로 행동하게 됩니다.

이런 성 행동은 한 호르몬의 작용으로 일어나는 것이 아닙니다. 일반적으로 이런 호르몬은 생식기 근처(성호르몬)에서 만들어지는데, 어떤 호르몬은 뇌 근처에 있는 작은 내분비샘에서도 만들어집니다. 이 두 곳에서 만들어진 호르몬들이 함께 작용하여 다채로운 행동을 하게 합니다.

암컷을 보고 춤을 주는 수컷의 구애 행동, 자신을 뽐내는 과시 행동, 또 터를 두고 싸우는 행동 그리고 집을 짓는 행동

과학자의 비밀노트

호르몬

동물 체내의 내분비샘에서 형성되어 혈액을 통해 흘러 체내의 표적 기관까지 운반된다. 기관의 활동이나 생리적 과정에 영향을 미치는 화학 물질이다. 예를 들어 성호르몬은 생식샘과 부신 겉질, 그리고 태반 등에서 만들어진다. 호르몬을 분비하는 중요한 내분비 기관으로는 뇌하수체, 부신, 갑상샘, 부갑상샘, 이자(췌장) 및 생식샘 등이 있다. 호르몬 분비가 과다하거나 부족한 경우, 각각 호르몬 기능 항진증과 호르몬 기능 저하증이라고 한다.

등의 성 행동은 뇌 근처의 내분비샘에서 분비되는 호르몬과 성호르몬의 두 가지가 정상적인 순서로 분비될 때 가능한 것입니다.

우리 몸 표면에 감촉을 느낄 수 있는 감각기가 있듯이 몸 안에도 감각기가 있습니다. 이 감각기가 행동의 내부 조절자 구실을 합니다. 예를 들면, 포유류가 오줌을 누는 행동은 방광에 오줌이 채워지면서 증가되는 긴장을 방광벽에 있는 감각기가 반응한 결과입니다. 마찬가지로 호흡 운동은 뇌의 아랫부분에 위치한 호흡 중추가 혈액 속 이산화탄소가 많아지는 것을 감지하여 신호를 보내 조절합니다. 그 외에도 여러 가지 몸 안의 감각기가 동물 행동에 직접 관여하고 있습니다.

혹시 호르몬과 몸 안의 감각기 외에도 동물 행동을 유발하는 것이 있을까요?

사람과 동물의 몸 안에는 저절로 행동을 하게끔 하는 것도 있습니다. 바로 뇌나 척수(중추 신경)의 신경 안에서 자발적으로 충격이 일어나기도 합니다. 동물 행동학자들은 많은 실험을 거쳐 뱀장어의 사행 운동이나 올챙이의 수영, 그리고 병아리가 알 속에서 움직이는 행동 등은 호르몬이나 감각기에 의한 것이 아니라 바로 몸 안의 중추 신경에서 만들어진 충격에 의한 것으로 생각하고 있습니다.

행동의 연쇄 반응

동물들의 행동은 언뜻 보면 단순한 것 같은데, 그 원인을 파악해 보면 결코 단순하지 않음을 알 수 있습니다. 예를 들어, 비둘기는 갓 태어난 새끼에게 포유류의 젖과 비슷한 물질을 토해 내서 먹입니다. 이것은 모이주머니에 있는 샘에서 분비되는 단백질이 풍부한 물질입니다. 이들 샘은 보통 겨울에는 활동을 하지 않지만, 어떤 상황에 이르러 뇌에서 호르몬이 분비되기 시작하면 차츰 활동을 재개합니다.

비둘기는 혈액 속 호르몬 농도가 최대로 되었을 때 새끼에게 젖을 먹이기 시작하기 때문에, 이 호르몬이 먹이를 토해 내는 행동을 조절하는 것으로 생각됩니다. 그러나 이 호르몬이 실제 하는 일은 모이주머니를 젖으로 가득 채우는 것이며, 단지 토하는 과정을 하게 할 뿐입니다.

어미가 토하는 행동의 실제 이유는 새끼가 어미의 가슴을 압박하였기 때문입니다. 즉 어미가 먹이를 주는 행동에 직접적인 영향을 주는 것은 새끼의 존재와 모이주머니의 압박 자극입니다. 이 같은 행동은 외부 자극이나 내부 조절 요인 혹은 두 경우의 조화로 조절되고 있습니다.

그럼 여기서 그림으로 카나리아의 생식 행동을 조절하는

힘에 대해 살펴보겠습니다. 여기에는 내부적인 조절 요인과 외부 자극이 적절히 조화를 이뤄 행동이 일어납니다.

첫 번째, 봄이 되면 따뜻한 태양(외부 자극)이 카나리아의 성호르몬 분비샘을 활발하게 합니다.

두 번째, 수컷의 성호르몬(내부 조절 요인)은 수컷이 노래를 부르게 만들고 암컷을 향하여 과시 행동(외부 자극)을 하게 합니다. 암컷은 노랫소리와 수컷의 과시 행동으로 성호르몬의 분비가 촉진됩니다.

세 번째, 수컷이 곁에 있어(외부 자극) 암컷으로 하여금 둥지를 짓게 만들죠. 동시에 암컷의 몸 안에서는 난자가 성장합니다.

네 번째, 암컷의 몸 안에서는 성호르몬의 분비(내부 조절 요인)가 더욱 많아집니다. 이 내부 조절 요인에 의해 가슴에서 깃털이 빠져 포란(알 품기) 형태를 갖추게 됩니다. 깃털이 빠짐으로써 감수성이 높은 피부가 직접 둥지 자리에 접촉(외부 자극)하게 되면 암컷은 수컷이 옆에 있는 것과 같은 정도로 자극을 받습니다.

다섯 번째, 둥지가 어느 정도 완성(외부 자극)되면 짝짓기를 합니다. 그리고 몸 안에서 호르몬 분비가 계속 촉진되면서 부드러운 깃털로 둥지 내부를 손질합니다.

카나리아 생식 행동의 순서

　마지막으로 알을 낳습니다. 알은 하루에 한 개씩 낳습니다.
포란 행동은 알의 외부 자극에 의해 일어납니다. 한 번에
5~6개 정도의 알을 낳습니다. 만일 품고 있는 알을 치워 버
리면 카나리아 암컷은 다시 알을 낳는데, 이것을 추가 산란

이라고 합니다. 추가 산란은 새들의 일반적인 특성입니다. 바로 알을 눈으로 보고 피부로 느끼면(외부 자극) 새들은 알 낳기를 중지합니다.

＿＿ 박사님, 알을 계속 치워 버리면 또 낳나요?

대개는 두 번 정도 더 낳습니다. 그러나 세 번째도 네 번째도 치워 버리면 알을 낳기 어려워집니다. 왜냐하면 알을 낳으려면 에너지가 매우 많이 필요한데, 암컷의 몸에는 영양분이 제한되어 있기 때문이지요. 그리고 몸속에서도 성호르몬의 분비가 이루어져야 하는데, 시간이 지나면 호르몬 분비도 점차 줄어들기 때문입니다.

＿＿ 암탉은 알을 매일 낳던데, 그건 어째서입니까?

좋은 질문입니다. 현재 우리가 기르는 닭은 알을 더 잘 낳도록 품종을 개량해 가축화한 것입니다. 그래서 부화장에서 알을 자동으로 굴러 내려오게 하여 그 알을 제거하면 암탉은 매일 알을 낳게 됩니다.

행동이 멈출 때

지금까지 나는 동물에게 행동을 유발시키는 것이 무엇인지에 대해 이야기했습니다. 그러나 우리 몸속의 행동 조절 요인을 완전히 이해하려면, 동물 행동을 중단시키는 것도 무엇인지 알아야 합니다. 그리고 동물에게 또 한 가지 중요한 문제는 필요한 행동만 할 뿐 필요 이상의 행동을 하지 않는다는 점입니다.

마치 실내 온도를 일정하게 조절해 주는 에어컨과 같은 원리입니다. 실내 온도가 어느 정도 냉각되면 온도 조절기의 전류를 끊어 줍니다. 그러면 실내 온도는 다시 올라갑니다. 다시 온도 조절기에 전류가 연결되어 에어컨이 가동되면 실내 온도가 내려갑니다. 실내 온도는 에어컨 온도 조절기의 작동으로 일정한 온도의 범위를 유지합니다. 물론 동물이 보여 주는 행동은 에어컨과 온도 조절기보다 훨씬 교묘하게 되어 있습니다.

간단한 예를 하나 들어 보겠습니다. 동물이 먹이를 먹을 때 배불리 먹었다는 것을 알려 주는 신호는 여러 가지가 있지만, 먹이 먹는 행동을 중지시키는 것은 무엇보다 배가 가득 찼다는 신호일 것입니다. 이것은 쥐를 이용한 실험에서 확인할 수 있습니다.

이 실험에서 한쪽 실험군 쥐에는 식도에 튜브를 꽂아 입으로 먹은 먹이가 위에 도달하기 전에 튜브를 통해 몸 밖으로 나가게 하고, 다른 실험군에는 튜브를 통해 직접 위에 먹이가 들어가게 했습니다. 그리고 두 실험군의 쥐를 정상적으로 먹이를 먹는 쥐와 비교하였습니다.

당연한 일이기는 하지만 입으로 아무리 먹어도 위가 가득 차지 않은 쥐는 계속 먹이를 먹었습니다. 그런데 정상적으로 먹은 쥐와 튜브로 위에 넣어 준 쥐는 배가 부르면 더 이상 먹지 않았습니다.

이 실험으로 우리는 위장에 무엇인가가 있기 때문에 먹으려는 욕구를 감소시켜 주는 자극이 생겨났다는 결론에 이르게 됩니다. 바로 동물 행동은 도를 지나치지 않도록 에어컨의 온도 조절기처럼 작동하고 있다는 생각이 듭니다.

갈등 행동

동물들이 한 번에 한 가지 행동만 하는 것은 이상할 것이 없습니다. 그러나 두 가지의 행동을 동시에 하는 일이 가능할까요? 나뭇잎을 뜯어먹고 있던 영양이 갑자기 사자의 냄새를 맡았다면, 이론적으로는 도망을 가면서 무성한 잎도 뜯어먹을 수 있을 것으로 보이지만 그렇게 하지 않는 까닭은 무엇

때문일까요?

이것은 분명히 몸 내부에서 조절 작용이 있기 때문입니다. 말하자면 영양은 배가 고프기 때문에 먹이에 이끌렸을 것입니다. 보통 때라면 충분히 그랬어야 할 자극에 대해서 반응을 하지 않고 도망을 갑니다. 어떤 행동이 어떻게 하여 다른 행동을 저지하는지는 사실 아직 알지 못합니다.

다만 어떤 한 가지 행동의 강한 자극이 중추 신경계와 결합함으로써 다른 행동의 작용을 저지하는 것이 아닌가 생각해 볼 수 있습니다. 그러나 그런 기구나 이와 연결된 경로는 아직 명확히 밝혀진 바가 없습니다.

우리가 가끔 '갈등을 느낀다'고 표현합니다. 갈등은 어떤 행동을 할 것인가 망설일 때 취하는 행동입니다. 이 갈등 행동에서는 한 행동은 진행되고 다른 행동은 저지됩니다. 하지만 이것도 항상 그렇지는 않습니다. 오히려 두 가지 행동을 함께 혼합하여 표현하기도 합니다. 그래서 우리는 갈등 행동을 세 가지로 구분할 수 있는데, 위협 행동, 전위 행동, 그리고 대상 전가 행동이 그것입니다.

위협 행동은 공격 행동과 도피(두려움) 행동이 혼합되어 있는 경우입니다. 예를 들면 개가 으르렁거리며 위협 행동을 합니다. 아직 공격은 하지 않은 상태입니다. 이 개는 상대 개

개의 위협 행동

가 약점을 보이면 금방 공격할 수도 있고, 상대가 아주 세다고 느끼면 두려움을 품고 도망갈 수도 있습니다. 그래서 위협 행동은 두 가지 행동을 모두 내포하고 있습니다.

다음으로 전위 행동은 갈등이 부적절한 행동으로 나타날 때를 일컫습니다. 예를 들면, 집단 내 서열이 낮은 찌르레기가 있습니다. 이 찌르레기가 먹이를 먹고 있는 도중에 집단 내 서열이 높은 찌르레기가 나타나면 어떻게 할까요?

더 먹어야 하는데 도망갈 수도 없고, 그렇다고 자기보다 서열이 높은 찌르레기를 공격할 수도 없는 갈등 상황에 처하게

찌르레기의 전위 행동

됩니다. 이때 찌르레기는 자신의 깃털을 부리로 다듬는 행동을 보입니다. 말하자면 딴전을 피우는 행동을 취하는 것이지요. 동물 행동학자들은 이것을 전위 행동이라 부릅니다.

이 찌르레기는 서열이 높은 찌르레기를 공격하는 대신 땅바닥에 있는 나뭇잎을 맹렬히 쪼아 대는 행동을 합니다. 공격하고 싶은데, 그 대상이 자기보다 서열이 높기 때문에 잘못 공격했다가 큰 봉변을 당할까 봐 엉뚱한 물체에 화를 푸는 것입니다. 이것은 대상 전가 행동이라고 부릅니다.

사람도 마찬가지입니다. 여러분은 부모님께 야단맞은 적이 있을 겁니다. 그러면 돌아서서 문을 '꽝' 하고 세게 닫고 나

찌르레기의 대상 전가 행동

가 버립니다. 이때 엉뚱한 대상이 문입니다. 우리는 이것을 분풀이한다고 합니다. 물건을 집어 던진다든지, 동생에게 화풀이를 하는 경우도 마찬가지입니다.

이렇게 사람을 포함하여 동물들은 갈등 상황에 처했을 때 공격과 도피가 아닌 제3의 행동, 즉 엉뚱한 행동을 취하게 됩니다. 이런 행동은 더 이상의 곤란한 행동으로 피해를 입는 것을 막아 주는 구실을 합니다. 이런 행동을 보이는 것은 학식이 높은 사람이나 그렇지 않은 사람이나 똑같습니다. 말하자면 본능인 셈입니다.

이 수업에서 나는 행동을 유발하는 것이 외부 자극 외에,

동물의 몸 내부에 의해서도 조절된다는 것을 알아보았습니다. 말하자면 동물 행동은 외부 자극과 내부 요인이 함께 작용하여 일어난다는 것이 정확한 표현일 것입니다.

큰 행동의 틀 안에는 작은 행동 요소가 들어 있습니다. 예를 들면 생식 행동에는 구애 행동, 둥지 짓기, 짝짓기 등이 포함되어 있습니다. 이런 행동들이 외부 자극과 내부 요인이 조화를 이루어 연쇄적으로 일어날 때 생식 행동이 완성됩니다. 그뿐만 아니라 어떤 행동을 하려는데, 이 행동이 내부적인 요인의 작용에 의해 중단되거나, 엉뚱한 행동으로 표현될 수도 있습니다. 이렇게 동물 행동은 외부나 내부 요인의 복잡한 작용으로 일어납니다.

5

동물의 사회생활
– 재갈매기

알에서 태어나 살아남기 위해 벌이는
새끼 재갈매기의 동물 행동과 생태를 알아봅시다.

5

동물의 사회생활
– 재갈매기

틴버겐이 재갈매기에 대한 이야기로
다섯 번째 수업을 시작했다.

가을과 겨울 내내 재갈매기는 무리를 지어 삽니다. 무리를
지어 먹이를 잡고, 무리 지어 장소를 옮겨 다니며, 또 무리
지어 잠을 잡니다.

재갈매기의 번식지는 주로 유럽에 분포하고 있습니다. 나
는 이 새들을 관찰하기 위해 외딴섬을 찾았습니다. 재갈매기
가 즐겨 번식하는 곳은 섬의 갯벌이며, 모두 무리를 지어 번
식합니다. 그리고 번식이 끝나면 해안가로 옮겨 가 무리를
지어 생활합니다.

짝짓기 계절의 재갈매기

무리 속의 재갈매기들은 다양한 방식으로 서로 반응을 합니다. 만약 여러분이 너무 가까이 그들에게 다가가면 그중 몇몇은 먹는 것을 멈추고 목을 길게 빼서 여러분을 바라볼 것입니다.

곧 다른 재갈매기들도 같은 행동을 하고, 결국 모든 재갈매기들이 여러분을 응시할 것입니다. 그러면 한 마리가 경계음, 즉 주기적으로 가악 가악 가악 소리를 내고 갑자기 날아가 버립니다. 즉시 다른 재갈매기들도 이를 따르면서 전체 무리가 떠나게 됩니다.

그러한 반응은 거의 동시에 일어납니다. 물론 이것은 그들의 행동을 유발하는 외부 자극, 즉 사람에 대한 그들의 동시적 반응에 기인한 것입니다. 그러나 여러분이 몰래 위장하고 살그머니 접근한다면 단지 한두 마리의 새가 여러분을 발견할 것입니다. 여러분은 그들의 행동, 즉 목을 쭉 뻗고 경계음을 내면서 갑자기 날아가 버리는 행동이 아직 위험을 깨닫지 못하고 있는 다른 새들에게 어떻게 영향을 미치는지를 금방 관찰할 수 있을 것입니다.

봄이 되면 이 재갈매기들은 무리를 지어 모래 언덕에 있는 번식지를 찾아갑니다. 한동안 그 주위를 빙빙 돈 후 짝을 지어 재갈매기 군집의 범위에 속한 곳에 터를 잡습니다.

그러나 모든 새가 짝을 짓는 것은 아닙니다. 많은 수가 남아서 무리를 형성합니다. 가끔씩은 이 무리에서 새로운 쌍이 탄생하기도 합니다.

암컷들은 짝을 이룰 때 능동적입니다. 짝을 이루지 못한 암컷은 특이한 자세로 수컷에게 다가갑니다. 암컷은 목을 움츠리고 부리를 앞쪽으로, 그리고 약간 위쪽으로 내밀어 몸을 수평 자세로 잡고서는 자기가 선택한 수컷 주위를 천천히 걷습니다.

수컷은 두 가지 방법 중 하나로 반응을 합니다. 거드름을 피우거나 점잖게 걷기 시작해서 다른 수컷들을 공격하거나

암컷에게 막 먹이를 먹이려는 재갈매기 수컷

긴 음을 내고, 무심코 암컷을 데려갑니다. 그러면 암컷은 흔히 머리를 기묘하게 흔들면서 먹이를 달라고 조르기 시작합니다. 이 행동을 나는 구걸 행동이라 불렀습니다.

수컷은 암컷의 구걸 행동에 반응하여 약간의 먹이를 게워 내고 암컷은 수컷이 게워 낸 것을 게걸스럽게 먹습니다. 이런 식으로 짝을 이룹니다.

일단 한 쌍이 형성되면 다음 단계로 집을 짓기 위한 재료를 구하러 갑니다. 그들은 무리를 떠나서 군집 내 어딘가에 자신들만의 영역을 정해서 둥지를 짓기 시작합니다. 암수 모두가 둥지 재료를 모아서 그것을 둥지 자리로 운반합니다. 거기서 그들은 교대로 앉아서 얕은 구멍을 파고, 풀과 이끼로 접시 모양의 둥지를 만듭니다.

하루에 한두 번 이 새들은 짝짓기를 합니다. 이것은 항상 긴 의식을 통해 시작됩니다. 마치 먹이를 달라고 조르듯이, 배우자 중의 하나가 머리를 들어올리기 시작합니다. 구걸 행동과 다른 점은 두 마리가 모두 이 동작을 한다는 것입니다. 나는 이 행동을 구애 행동이라고 이름을 붙였습니다.

한동안 구애 행동을 계속하다가, 점차 수컷이 목을 뻗기 시작하고 곧바로 공중으로 날아가서 암컷의 등에 올라갑니다. 수컷이 자신의 총배설강(조류는 배설구와 생식기가 하나로 되어

있어 부르는 말)을 암컷의 총배설강에 반복적으로 갖다 댐으
로써 짝짓기가 이루어집니다.

재갈매기 수컷의 공격력

둥지 짓기, 구애 행동, 짝짓기 외에 다른 행동 양식이 일어
날 수 있는데, 이것은 수컷에 나타나는 싸움 행동입니다. 이
미 무리에 있을 때도 수컷의 공격성이 너무나 강해지면 주변
의 다른 재갈매기들을 쫓아 버립니다. 일단 영역을 확보하면

몸을 곧추세운 재갈매기 수컷의 위협 자세

수컷은 침략자에 대해 참지 못합니다. 진짜 싸움은 일어나지 않고, 위협만으로 낯선 방문객을 쫓아냅니다.

재갈매기의 위협 행동에는 세 가지가 있습니다. 그중에서 가장 온유한 형태는 '수직 위협 자세'로 목을 쭉 빼고 부리를 아래로 향하게 하여 때때로 날개를 들어 올리는 자세입니다. 이런 자세로 수컷은 몸의 근육을 모두 긴장시키고 대단히 뻣뻣하게 그 낯선 방문객 쪽으로 걸어갑니다.

같은 의도로 좀 더 강력한 표현은 '풀 뽑기'입니다. 수컷은 상대 수컷에게 아주 가까이 다가가서 갑자기 몸을 굽혀 사납게 땅을 쪼아 댑니다. 그리고 풀잎이나 이끼, 뿌리를 물어서 뽑아 버립니다.

암수가 이웃해 있는 한 쌍을 만났을 때 그들은 세 번째 종류의 위협인 '숨가쁜 소리'를 하게 됩니다. 그들은 꼬리 부분을 굽히고, 가슴을 낮추어서 부리를 아래로 향하게 하고 목뿔뼈(아래턱뼈와 후두의 방패 연골 사이에 있는 말굽 모양의 뼈)를 낮춘 채로 기묘한 표정으로 땅을 쪼는 아주 불안한 동작을 취합니다. 이 행동에는 주기적으로 거친 울음소리를 동반합니다. 이런 위협 동작들은 분명히 다른 갈매기들에게 영향을 줍니다. 그들은 공격의 뜻을 이해하고는 물러갑니다.

재갈매기는 암수가 번갈아 가며 알을 품습니다. 여기에서 그들의 협동은 매우 인상적입니다. 그들은 결코 알만 남겨 두지 않습니다. 하나가 알을 품고 있을 때, 다른 하나는 몇 km나 떨어진 곳으로 먹이를 구하러 갑니다. 알을 품고 있는 새는 배우자가 둥지로 돌아올 때까지 기다립니다.

배우자가 둥지로 접근할 때는 특이한 동작과 소리를 냅니다. 대개 길게 끌리는 울음소리를 내며, 자주 둥지의 재료를 운반해 옵니다. 그러면 알을 품고 있던 새가 일어서고, 다른 한 마리가 그 자리로 갑니다.

알들이 깨어나면 어미와 자식 간의 관계는 매우 상호적인 것이 됩니다. 처음에 새끼들은 수동적으로 키워지는 것 외에 별다른 행동을 보이지 않는데, 몇 시간이 지나면 먹이를 달라고 조르기 시작합니다.

새끼에게 먹이를 먹이고 있는 재갈매기

어미 새가 새끼에게 일어날 기회를 주면, 그들은 어미의 부리 끝을 향해 쪼는 동작을 합니다. 곧 어미는 반쯤 소화된 물고기, 게 종류, 혹은 갯지렁이 덩어리를 게워 냅니다. 어미 새는 부리 끝 사이에 소량의 먹이를 가져다가 새끼에게 꾸준히 주는데, 새끼는 머리를 앞으로 향하고는 여러 번 실패를 거친 후에 하나를 간신히 받아서 삼킵니다. 그런 행동이 몇 번 더 반복되면 새끼는 조르는 것을 멈추고, 어미 새는 재빨리 남은 먹이를 삼키고 새끼들에게 다가갑니다.

부모와 자식 간의 관계는 포식자들이 나타났을 때 더욱 뚜렷해집니다. 개, 여우, 인간이 나타났을 때 가장 강한 반응을 일으킵니다. 어미들은 잘 알려진 경계음 '가가가! 가가가 가!'를 외치며 날아오릅니다. 새끼들은 은폐물로 달려가서 웅크립니다. 군체의 모든 어미 새들은 날아올라서 공격 준비를 합니다.

그러나 침입자에 대한 실제 공격은 각 쌍에 의해 개별적으로 이루어집니다. 각 새들은 침입자가 둥지로 다가왔을 때, 급습하거나 한 다리 혹은 두 다리를 이용해 치기도 합니다. 때때로 게운 음식이나 똥으로 '폭탄 투하' 하는, 불쾌한 무기가 사용되기도 합니다. 그러나 이러한 공격은 완전한 성공을 가져오지 못합니다. 그런 공격으로 여우, 개 인간을 다소 주

포식자의 눈을 피하기 위해 몸을 웅크리고 있는 재갈매기 새끼

춤하게 할 수는 있으나, 전적으로 막을 수는 없습니다.

그러나 이런 상대적인 비효율성은 모든 생물학적 기능에서 찾아볼 수 있습니다. 즉 재갈매기의 공격 중 어떤 행동도 완전한 성공을 이끌지는 못합니다.

포식 동물들에 대한 가장 큰 방어 수단은 은폐색과 새끼들의 행동입니다. 사실상 움츠리는 행동은 포식자의 눈에 띄는 것을 피하기 위해서입니다.

하루쯤 지나면 새끼들은 더 잘 움직이게 됩니다. 그들은 둥지로부터 조금씩 움직이기 시작해서 터 주위를 걸어 다닙니다. 만약 터를 떠나면 이웃에 의해 공격을 받아 죽을 수도 있습니다.

지금까지 우리는 재갈매기 사회 조직에 대한 수많은 증거를 살펴보았습니다. 이 조직의 한 부분은 짝짓기의 목적에 도움을 주는 것이었습니다. 그러나 암컷과 수컷의 협력 관계에서 짝짓기와는 관계없이 가족에 관한 것도 있습니다.

그 밖에 어미와 자식 간의 협력이 있습니다. 새끼는 어미가 그들에게 먹이를 주도록 재촉하고, 어미는 새끼들에게 한쪽에 얌전히 있도록 합니다. 다른 쌍과의 사이에서도 협력 관계가 있는데, 예를 들면 경계음은 전체 군집에 경계 태세를 갖추게 합니다. 그 결과 많은 새끼 새들을 키우게 되며, 이때 아주 작은 소홀함조차도 치명적일 수 있습니다.

예를 들어, 나는 몇 번인가 새끼를 부화시키고 있던 재갈매기가 '다리를 뻗기 위해서' 잠시 일어서는 것을 보았습니다. 그 재갈매기가 2m 정도 떨어진 곳에서 부리로 날개를 다듬고 있는 동안, 다른 재갈매기가 급습하여 알을 두 조각으로 만들었습니다. 침입자 재갈매기가 내용물을 먹으려 하기 전에 어미 재갈매기가 그들을 내쫓았습니다. 결과적으로 어미가 알을 소홀히 보호하여 잃어버린 것입니다.

또 다른 경우인데 내가 관찰했던 어떤 한 쌍에서 수컷은 전혀 알을 품으려 하지 않아서 암컷이 혼자서 거의 20일 동안 아주 끈기 있게 알 위에 앉아 있었습니다. 드디어 21일째에 암컷이 떠났는데 결국 그 알은 부화하지 못했습니다. 아버지로부터 받은 유전적 결점을 종에 퍼뜨리지 않을 수 있었기 때문에 종으로 보아서는 다행스러운 일이었습니다.

새끼가 어미를 알아보는 신호

나는 재갈매기와 괭이갈매기의 차이를 새끼들이 어미의 음성을 구별하는 시기에서 찾았습니다. 재갈매기 새끼들은 어미 목소리를 3~4일이면 알아듣는 데 비해, 괭이갈매기는 약 5~8일로 조금 늦습니다. 그 이유는 재갈매기와 괭이갈매기의 서식지가 서로 다른 데 있는 것 같습니다.

재갈매기는 번식지가 평지인데, 괭이갈매기는 비탈진 곳입니다. 재갈매기 새끼들은 알에서 깨어 쉽게 옆 둥지로 갈 수 있지만, 괭이갈매기 새끼들은 쉽게 옆 둥지로 갈 수 없습니다. 그렇기 때문에 괭이갈매기 새끼들은 빨리 어미 목소리를 습득할 필요가 없는 것이죠.

새끼가 어미 목소리를 알아듣는 실험은 야외에서도 할 수 있고, 알을 가져다가 알에서 깨어 나온 새끼를 대상으로 할 수도 있습니다.

우선 야외에서 실험은 어미의 목소리를 녹음기에 담아 새

끼에게 들려줍니다. 그러면 새끼들은 자신의 어미 목소리에
만 반응을 보이며, 3일이 지나면 자신의 어미 목소리인지 아
닌지 구분합니다. 실험실에서 깬 새끼들을 대상으로 할 경우
에는 먼저 첫날부터 스피커로 가상의 어미 목소리를 들려줍
니다. 그런 다음 가상의 어미 목소리와 다른 어미 목소리를
번갈아 들려주면 태어나서부터 들었던 가상의 어미 목소리
에만 반응하는 모습을 볼 수 있습니다.

만일 가파른 절벽에서 번식하는 세가락갈매기는 어떨까요?
절벽이기 때문에 새끼는 날 수 있을 때까지 태어난 장소를 절
대 떠날 수 없습니다. 그래서 세가락갈매기의 새끼는 어미 목
소리를 전혀 구별하지 못합니다.

과학자의 비밀노트

세가락갈매기(black-legged kittiwake, Rissa tridactyla)
바닷가 암초 지대에 서식하는 황새목 갈매깃과 조류로, 몸길이는 약
41cm이다. 날개 끝과 다리는 검은 갈색을 띠고 부리는 노랗고 등은 회
색이다. 북위 50°에서 북극해에 이르는 지역의 암석 해안에서 번식한다.
바다에서는 흔히 괭이갈매기 무리와 함께 볼 수 있다. 먹이는 주로 물고
기를 잡아먹지만 딱정벌레 · 지렁이 · 갯지렁이 · 게 · 새우 및 식물성
먹이도 먹는다. 사할린 섬 · 쿠릴 열도 · 알래스카 등지에서 번식하
고 한국 · 일본 · 미국 캘리포니아까지 내려가 겨울을 난다.

환경은 이처럼 갈매기의 학습 능력을 바꿔 놓고 있습니다. 보통 갈매기 새끼가 알에서 깨면, 깃털이 마를 때까지 햇빛을 받으면서 그 자리에 앉아 있습니다. 그러나 하루가 지나면 햇볕이 뜨거워져 그늘을 찾습니다. 새끼들의 키는 10cm밖에 되지 않아, 주변의 식물은 새끼의 키에 비하면 마치 정글과 같지요. 해가 뜨거운 낮에 새끼들은 식물의 그늘에서 쉽니다. 물론 자신이 태어난 둥지 근처가 되겠죠. 그곳은 어미의 영역 범위에 속해 있기도 하지요.

어미가 둥지로 와서 새끼를 찾습니다. 괭이갈매기 어미는 '뮤콜(고양이 소리)'을 내는데, 만일 한 번 불러 대답이 없으면 반복적으로 소리를 냅니다. 그러면 대부분 2~3번 정도에 대답을 하고 정글에서 빠져나옵니다. 이때 새끼들의 대답 소리는 매우 흥미롭습니다. '치찌르 치찌르' 하는 소리는 어릴 때만 냅니다. 어미가 자신의 새끼 목소리를 알아듣는 건 아닙니다. 오히려 어미 목소리를 알아듣는 것은 일방적인 새끼들의 학습입니다.

만일 옆 둥지로 잘못 들어간 새끼가 있으면 어미는 그 옆 둥지에서 빠져나올 때까지 뮤콜을 냅니다. 나는 옆 둥지에 새끼 한 마리를 감춰 놓고, 어미의 반응을 관찰한 적이 있습니다. 내가 예측한 대로 어미는 옆 둥지로 들어가지 않고 자

신의 영역 내에서만 새끼를 불렀습니다. 만일 어미가 새끼를 찾기 위해 옆 둥지로 들어가면 그곳에 있는 다른 갈매기 암수가 즉각적으로 공격하기 때문입니다.

새끼는 쉽게 빠져나올 수 없었습니다. 어미가 있는 쪽은 경사가 가파른 위쪽에 위치해 있었기 때문입니다. 새끼는 위쪽을 향해(어미의 소리 방향) 몇 번인가 기어올랐다가 미끄러져 데굴데굴 굴렀습니다. 자신의 영역권에 있던 옆집 갈매기가 그 새끼를 그냥 둘 리 없겠죠. 부리로 머리를 찍어 대기 시작했습니다. 갈매기들은 자신의 새끼가 아니면 비록 새끼일지라도 공격합니다.

그럼 어미는 무엇을 보고 자신의 새끼를 구별할 수 있을까요? 목소리가 아닌 다른 것이 있을까요? 아직 확실치는 않으나, 아마도 어미가 자기 앞에서 부자연스런 새끼의 행동을 보고 판단한다고 생각합니다. 말하자면 새끼가 도망가려는 듯한 엉거주춤한 행동은 여지없이 공격 대상이 되니까요.

그래서 번식지에는 여기저기 죽은 새끼들로 가득합니다. 아마도 어미의 목소리를 제때 학습하지 못해 남의 둥지에 잘못 들어갔을 수도 있고, 학습을 했어도 가파른 곳에서 미끄러져 다른 어른 갈매기들의 공격을 받아 죽은 것이 틀림없습니다. 많은 갈매기들은 이렇게 어릴 때 목숨을 잃고 맙니다.

본능과 학습

동물 행동 발달 과정에서 본능에 의한 것과
학습에 의한 것이 어떤 것들인지 알아봅시다.

6

틴버겐이 본능에 대한 질문으로
여섯 번째 수업을 시작했다.

본능이란 무엇일까요? 본능은 타고난다는 의미를 지니고 있습니다. 동물들은 태어나면서부터 많은 적응 행동을 갖고 있습니다. 물론 어떤 행동은 학습에 의해 갖추어질 수 있지만, '본능적인' 행동도 있습니다.

동물들은 기계처럼 처음부터 효과적으로 행동하지도 않고, 또 평생 같은 행동을 하지도 않습니다. 그래서 일부 행동들은 성장과 함께 변화하기도 합니다. 예를 들면, 알 속에서 꾸물꾸물 움직이고 있던 올챙이가 물속에서 헤엄치는 행동을 하게 된다든지, 아이의 서투른 걸음걸이가 성장하면서 잘 걷게 되는 것과 같이 점진적으로 변해 가는 것도 있습니다.

갑자기 변하는 행동도 있습니다. 예를 들어 번데기에서 막 나온 나비가 곧바로 춤추며 날아오른다든지, 물오리가 태어나 곧바로 처음 경험한 물속으로 들어가 수영을 완전하게 하는 것입니다. 반면에 고등 동물의 생식 행동과 같이 훨씬 나중에 나타나는 변화도 있습니다. 개는 강아지일 때는 짝짓기를 하지 않고 성장한 후에 합니다.

동물들의 발달 과정에서 볼 수 있는 이와 같은 행동 변화에 대해서는 아직도 밝혀지지 않은 부분이 많지만, 이러한 변화는 때때로 극적이고 또 다양합니다. 나는 이런 동물 행동의 발달을 이미 1개월 동안 어린 재갈매기의 행동 변화를 통해 살펴본 바 있습니다.

알 속에서는 알 껍질을 깨는 행동을 하고, 알에서 깨어난 새끼가 2~3시간이 되면 깃털이 마르고 뽀송뽀송해집니다. 며칠이지만 어미의 목소리를 학습하고, 낯선 소리에는 경계를 합니다.

한 달 정도가 지나면 비행 연습을 합니다. 비행 운동의 점진적인 발달은 새끼들의 끊임없는 연습의 결과라고 생각하기 쉽습니다. 이 사실을 확인하기 위해, 필요한 연습 운동을 전혀 할 수 없는 작은 상자 안에 어린 재갈매기를 길러 보았습니다. 그 결과 좁은 공간 속에서 사육된 재갈매기 새끼라 하더라도 정상적으로 자란 동년배의 다른 재갈매기와 마찬가지로 처음부터 날 수 있었습니다.

정상 조건에서 관찰된 점진적 진보는 연습을 전혀 시키지 않은 조건에서도 분명히 일어났던 것입니다.

선천적으로 할 수 있는 것과 할 수 없는 것

성장 과정에서 행동의 변화는 동물에 따라 매우 다양합니다. 새로운 행동의 출현이나 소실, 또는 어떤 한 가지 행동의 완성 등은 모두 변화하는 것이라는 사실을 쉽게 확인할 수도 있습니다. 그런데 중요한 것은 이런 변화가 어떻게 일어나며, 무엇이 이런 변화를 일으키는가를 찾아내는 것입니다. 우선 그 행동의 변화가 외부에서 온 것이냐 아니면 내부에서 기인한 것이냐를 구별해야만 합니다.

먼저 외부 원인을 생각해 보겠습니다. 기러기 새끼는 알에서 나오자마자 걸을 수 있습니다. 어미 뒤를 어느 정도 따라다니고 난 뒤의 새끼는 다른 동물을 따라다니지 않습니다.

그러나 부화기 속에서 막 깨어 나온 새끼에게 어미가 아닌 다른 동물이나 풍선 같은 것을 보여 주면 새끼는 그 물체를 따라다닙니다. 이렇게 다른 동물이나 풍선을 따라다니는 새끼는 진짜 어미를 따르지 않습니다. 우리는 이런 행동을 각인되었다고 합니다. 더 정확히 말하면 추종 각인이라고 할 수 있습니다.

이렇게 외부 원인에 의한 행동 변화가 있는가 하면, 처음부터 가지고 있는 행동도 있습니다. 예를 들면, 붉은부리갈매기의 알을 부화기 속에서 부화시킨 후 새끼를 2~3시간 동안 완전히 어두운 곳에 두었다가 어미의 부리처럼 만든 몇 가지 모형 부리를 보여 주는 실험을 했습니다.

실험 결과 새끼는 어미 새의 부리를 닮은 빨간 모형에 대해서만 강한 반응을 보였습니다. 새끼가 전혀 다른 모형을 본 적도 어미의 부리를 본 적도 없는데 이런 결과가 발생했습니다. 결국 붉은부리갈매기 새끼는 붉은색 부리를 선호하는 행동이 이미 몸 안에 프로그램화되어 있는 것이 분명합니다.

이 두 가지 예에서 행동은 외적 자극에 의해 변화가 일어날 수도 있고, 내부에서 기인하여 나타날 수 있다는 사실을 알 수 있습니다. 이런 행동이 동물들에게 각각 달리 형성되는 것은 진화의 결과입니다. 즉 기나긴 세월 동안 시행착오를 거치면서 자연 선택되어 왔습니다.

환경에서 배운 행동

추종 각인과 같이 다른 종류의 행동도 개체와 환경의 상호 작용을 통하여 발달해 갑니다. 가장 간단한 행동은 자극에 익숙해지는 것이지요. 이런 사례는 꿩, 닭, 칠면조 등의 새끼에서 찾아볼 수 있습니다. 머리 위에 움직이는 물체가 있으면 이 새끼들은 전혀 가르친 적이 없는데도 몸을 웅크리는 경계 행동을 보입니다.

그러나 몇 차례 같은 경험을 해 가는 도중에 차차 몸을 웅크리지 않게 되고 급기야 머리 위로 나는 새나 물체에 대해서도 더 이상 경계 반응을 보이지 않습니다. 다시 말해 자극에

새끼 새의 습관화 과정

대한 감수성이 차차 줄어드는 것입니다. 우리는 이것을 습관
화라고 부릅니다.

이 습관화의 과정은 매우 중요합니다. 만일 새끼들이 다른
새가 머리 위로 지나갈 때마다 몸을 웅크리고 경계해야 한다
면 그들은 많은 시간과 에너지를 불필요한 행동으로 소비해
야 하기 때문입니다.

이것은 새끼가 자라면서 머리 위의 모든 새에게 익숙해진
다는 의미는 아닙니다. 습관화는 아주 미묘하고 흥미로운 행
동입니다. 새끼 새들이 익숙해지는 대상은 낙엽이나 흔히 보
는 새들에 대해서입니다. 그렇지만 새롭고 낯선 대상에 대해
서는 여전히 경계합니다.

맹금류(매나 독수리)는 보통의 새들보다 그 수가 훨씬 적기 때문에 익숙해질 기회가 거의 없습니다. 그 결과 새끼들은 참새와 같은 조류에 대해서는 주의하지 않지만 매가 머리 위에 난다면 몸을 웅크립니다. 새끼들은 매가 위험한 존재라는 것을 알고 있을 리도 없고, 또 공격을 당해 본 경험이 없는데도 웅크리는 경계 행동을 취하는 것은 타고난 행동으로 생각됩니다.

날개 모형을 만들어 새끼 새에게 보여 주는 실험을 해 보면

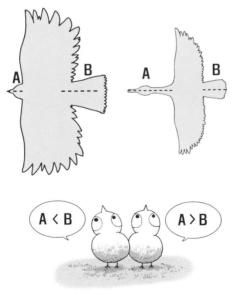

오리 모형과 맹금류의 모형 비교

갈매기, 기러기, 오리류의 날개에는 경계 행동을 보이지 않습니다. 그러나 매의 모형을 보여 주면 몸을 웅크리는 경계 행동을 취하는 모습을 볼 수 있습니다. 물론 오리와 매의 모형에는 어떤 차이가 있을까요?

앞의 그림처럼 바로 머리에서 날개까지의 길이 A와 날개에서 꼬리까지의 길이 B의 비율에서 찾아볼 수 있습니다. 맹금류는 A<B인 반면, 오리류는 A>B입니다. 새끼들은 이를 통해 맹금류를 알아보고 본능적으로 행동하는 듯합니다.

반복적인 경험을 통해 습득한다

동물들은 경험(혹은 학습)에 의해 완전한 행동을 합니다. 경험이 없는 까치는 처음 둥지를 지을 때 철사나 텔레비전 안테나와 같은 부적절한 건축 재료를 많이 물어 오지만, 성공과 실패를 통해서 어떤 물체가 둥지 재료로 적합한지 배우게 됩니다.

이와 비슷한 예로, 청설모는 개암나무 열매를 보면 처음에는 껍질의 여러 곳을 물어뜯어 상처만 내지만 여러 번의 시도를 통해 껍질의 특정 부분에 이빨을 대고 까는 방법을 습득합니다. 마침내 단 한 번의 일격으로 열매의 알맹이를 꺼내 먹을 수 있게 됩니다.

경험에 의한 행동 기술의 습득은 매우 흔한 일입니다. 이미 이야기한 바와 같이 새는 비행을 학습할 필요가 없다고 했지만, 연습 없이 완전한 기술을 습득할 수는 없는 것입니다. 새끼 재갈매기가 착륙을 하려면 풍향에 거슬러 착륙해야 하는 것을 배워야 합니다. 보통 새끼 새에게 착륙은 퍽 어려운 기술이기 때문에 학습할 필요가 있습니다. 어린 새들은 하강의 첫 단계가 어렵다는 것을 알고 있습니다. 그 이유는 그들이 일단 몸을 기류에 싣고 점점 높이 올라가 강한 바람에 실리게 되면 행방불명되거나 죽는 경우가 생기기 때문입니다.

환경과의 상호 작용이 가장 복잡한 예는 원숭이, 유인원 그리고 인간에서 찾아볼 수 있습니다. 미국의 할로우(Harry Harlow, 1905~1981) 박사는 마카크원숭이의 행동 연구를 통해 하등 동물은 생득적 행동, 즉 본능에 의해 행동하는 데 비해 원숭이의 행동은 더 복잡하다는 사실을 발견했습니다.

원숭이가 태어나서부터 갖추고 있는 행동은 불완전하지만 이들이 지니고 있는 행동은 환경과의 갈등 속에서 끊임없이 발전하고 있습니다. 이들의 욕구 중에서 기본적인 것은 보호에 대한 욕구입니다.

어미의 보호를 받지 못한 새끼 원숭이는 쭈뼛쭈뼛할 뿐, 스스로 탐색 행동도 하지 않고 살아가는 데 꼭 필요한 경험도 습득하지 못합니다. 이것은 새끼 원숭이의 사회생활에 큰 영향을 줍니다. 즉 그들은 동료들과 정상적으로 어울리지도 못하고, 또 정상적인 성행위도 할 수 없게 됩니다.

이와 같은 현상은 고양이, 쥐, 그리고 산양과 같은 포유류에서도 볼 수 있습니다. 이러한 실례가 사람의 유아에도 똑같이 적용된다는 점에서 의심할 여지가 없습니다. 사실 인간의 행동은 더욱더 경험에 의존하고 있습니다.

왜 새는 방언을 하는가?

왜 새들은 사람들처럼 방언을 할까요? 이 질문은 새들도 노래를 부모로부터 배운다는 데서 그 해답을 찾을 수 있습니다. 사람들은 지방마다 사투리가 있습니다. 바로 지역에 따라 그 지역의 사투리가 전수되어 내려왔기 때문입니다. 전수는 일종의 학습입니다.

학습은 학교에서 우리가 공부를 하는 것처럼 강요된 학습이 있는가 하면, 자라면서 보고 듣는 것을 통해 배우는 자율적인 학습이 있습니다. 새의 노래나 사람의 언어는 강요된 학습이 아니라 일종의 자율적인 학습의 결과입니다. 이런 학습의 결과가 다음 세대에 전달되기 때문에 새나 사람은 지역의 고유한 노래나 말을 하는 것입니다.

그럼 새들의 노랫소리는 지역마다 어떻게 다를까요? 한국의 과학자들은 이 연구를 위해 10여 년 전부터 한국에 서식하는 86마리의 휘파람새 소리를 녹음하여 정밀 분석을 했습니다. 대상 지역은 북쪽으로 경기도 가평군에서 남쪽으로 제주도에 이르기까지 무려 20여 군데에 이릅니다.

우선 녹음된 휘파람새 소리를 틀어 주어 다른 새들을 유인하는 것입니다. 만일 이미 어떤 구역이 한 마리의 휘파람새에 의해 점령되었다면 분명히 녹음된 소리를 듣고 휘파람새가 가까이 날아옵니다. 그러면 지름 50cm 집음기로 소리를 모아 녹음을 해야만 합니다.

녹음된 소리는 모두 음성 분석기로 분석합니다. 이 음성 분석기는 소나그램이라고도 불리는데, 소리를 시각적으로 표현할 수 있는 기계입니다. 소나그램의 가로축은 시간 단위, 세로축은 주파수 단위로 기록되며, 소리를 입력하면 각자의 파형에 따라 그려집니다. 휘파람새는 처음에 1~2kHz의 긴 소리를 0.7초 정도 내다가 마지막 0.4초는 여러 모양의 다른

제주도와 내륙에 사는 휘파람새의 소리 비교

음절을 갖습니다.

대개 제주도 휘파람새의 경우는 앞의 휘파람 소리가 길게 이어지는 반면, 내륙 지방에 서식하는 휘파람새의 경우는 소리가 모두 잘게 끊어져서 납니다. 그리고 거제도와 완도에서 사는 휘파람새는 제주도와 내륙의 중간 정도에 해당하는 휘파람 소리를 냅니다.

휘파람 소리에 이어지는 음절은 각각의 지역마다 고유한 형태로 바뀝니다. 예를 들면 V자 모양의 음절은 경상남도 거창군에서 주로 서식하는 경우이며, L자 모양의 음절은 충청북도 청원군 지역에 서식하는 경우입니다. 그 밖에도 I자의 음절은 전라남도 나주시 지역에서 서식하는 휘파람새의 소리입니다. 이렇게 같은 종인 휘파람새라도 지역마다 앞의 휘파람 소리와 뒷부분의 음절이 바뀌는 이유는 이들이 태어난 곳에서 부모나 동료에게서 배웠기 때문인 것으로 밝혀졌습니다.

실제 새들의 노랫소리가 모두 학습에 의해서만 형성되는 것은 아닙니다. 어린 새를 방음 처리된 방에서 어미나 다른 어른 새의 노래를 들을 수 있는 기회를 주지 않으면 어떻게 될까요? 이 새가 자라면 아주 단순한 형태의 소리를 냅니다.

과학자의 비밀노트

새들의 노래는 어떤 기능을 하나?
새들은 대개 수컷만이 노래를 한다. 이 노래 행동은 한 마리의 수컷이 일정한 영역을 차지하고는 그곳을 규칙적으로 돌면서 다른 새가 못 오도록 방어하는 기능을 갖고 있다. 물론 배우자를 유인하는 구실도 한다. 그러나 녹음된 소리를 틀어 주는 실험을 해 보면 대개가 수컷에 대한 경계 반응을 일으키며, 암컷이 이 소리를 듣고 오는 반응은 쉽게 관찰되지 않는다.
그러나 많은 새들에게서 수컷이 암컷과 일단 짝이 맺어지면, 부르던 노래의 빈도가 조금 줄어드는 것으로 보아 새들의 노랫소리는 자기 영역 주장의 의미 말고도 짝을 유인하는 기능을 하고 있는 것으로 생각된다.

기본 음은 유전에 의한 것이라면 다양한 노래는 외부 환경, 즉 학습에 의한 것이라는 사실을 알 수 있습니다.

왜 새들은 다양한 노래를 하려고 할까요? 그것은 암컷이 다양한 노래를 부르는 수컷을 선호하기 때문이라는 사실이 많은 실험을 통해 밝혀졌습니다. 또 새끼는 자신의 '노래 선생님'을 누구로 할 것인가도 매우 흥미로운 실험입니다. 나는 금화조를 통해 실험을 해 보았습니다. 새끼에게 한쪽에는 사이가 좋은 쌍으로부터, 다른 쪽은 사이가 그리 좋지 않은 쌍으로부터 노래를 듣고 자라게 했습니다.

실험 결과 어린 새는 사이가 좋은 쌍의 수컷을 노래 선생으로 모셨습니다. 이것은 무엇을 의미할까요? 바로 사이가 좋은 쌍의 노래를 배우면 자신도 자라서 다정한 쌍이 될 수 있는 암컷을 배우자로 얻을 수 있고, 그렇게 되면 더 좋은 유전자를 남길 수 있기 때문이라고 학자들은 해석하고 있습니다.

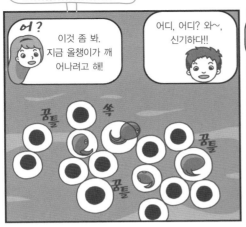

7

목적지를 찾아가는 원리

해마다 철새들이 길을 잃지 않고
번식지와 월동지를 찾아가는 원리에 대해 알아봅시다.

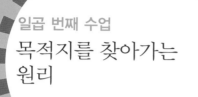

일곱 번째 수업

목적지를 찾아가는 원리

틴버겐이 학생들에게 숲에서
길을 잃은 상황을 가정하며
일곱 번째 수업을 시작했다.

여러분이 숲에서 길을 잃었다고 합시다. 이런 상황에 처하
면 아무리 길눈이 밝다 해도 집으로 되돌아오는 일이 쉽지 않
습니다. 이것은 동물에게도 적용되는 간단한 예에 불과합니
다. 즉 행동이 효과적인 결과를 가져오게 하려면 시간적으로
나 공간적으로 적절하게 조절되지 않으면 안 됩니다.

이번 수업에서는 동물들이 지도, 나침반, 내비게이션(차량
자동 항법 장치)도 없이 길을 어떻게 찾는지를 알아보려고 합
니다. 혹시 동물들에게 우리가 알지 못하는 무슨 비밀이라도
있는 걸까요? 수백, 수천 km를 나침반도 없이 새들은 어떻

게 길을 찾아갈까요?

먼저 철새들의 이동을 살펴보겠습니다.

철새의 이동

많은 동물들이 방향을 찾을 때 정말 놀라운 능력을 발휘하고 있습니다. 전형적인 예는 철새의 이동에서 볼 수 있습니다. 어떤 종류의 새는 난생처음 떠나 보는 머나먼 여행길이지만 혼자의 힘으로 찾아갈 수가 있습니다. 이 같은 능력은 과학자들에게 특히 의문이었습니다.

먼저 매년 번식지와 서식지로 번갈아 이동하는 철새들의 이주 행동이 본능적인 것인지, 아니면 학습에 의한 것인지 알아내야 합니다. 이 실험은 찌르레기를 대상으로 이루어졌습니다.

찌르레기는 매년 번식지인 발트 지방의 동쪽에서 겨울 서식지인 영국과 프랑스를 오갑니다. 그해 태어난 어린 찌르레기와 나이 든 찌르레기를 비행기에 태워서 스위스 제네바에 풀어 주었습니다. 그 결과 어린 찌르레기들은 모두 에스파냐로 날아갔습니다.

영국

제네바

스위스

에스파냐

  그러나 나이 든 찌르레기는 달랐습니다. 그들은 제네바에서 북서쪽으로 날아 영국에 정착했습니다.

  어린 새가 제네바에서 에스파냐로 갔다는 것은 유전적으로 남서쪽을 향하게 되어 있었기 때문이며, 나이 든 새들은 학습에 의해 겨울 서식지인 영국으로 길을 향했던 것입니다.

  경험이 없는 새는 첫해에는 어미나 경험이 많은 동료를 따라가 겨울 서식지의 위치를 익혀야 합니다. 이후부터는 어미

없이도 혼자 겨울 서식지를 찾아갈 수 있게 됩니다. 바로 철새들의 이동은 학습과 유전 요소가 모두 작용하고 있다는 증거입니다.

철새가 거대한 사막을 건너는 비결은 이 새가 갖고 있는 자기장 지도 때문인 것으로 밝혀졌습니다. 스웨덴 철새인 나이팅게일이 자기장을 이용해 아프리카의 사하라 사막을 지날 것을 대비하여 배를 꽉 채우는 등의 행동을 한다는 사실이 최근 스웨덴의 연구팀에 의해 밝혀졌습니다.

지빠귀 종류인 나이팅게일은 겨울에 스웨덴에서 아프리카 중남부로 떠나는 철새로, 목적지에 도착하기 위해서는 1,500km나 되는 사하라 사막을 건너야 합니다. 이 새는 사막 앞에 있는 정거장인 이집트에서 자동차가 기름을 넣듯 '비행 연료'인 지방을 몸에 가득 쌓습니다.

연구팀은 나이팅게일이 보이지도 않는 사하라 사막을 미리 알아채고 대비하는 비결이 이 새가 태어나면서 갖고 있는 자기장 지도 때문이라는 것을 발견했습니다. 이 연구팀은 아직 사하라 사막을 건너지 않은 1년 된 철새를 실험실에 잡아와 자기장을 계속 변화시켰습니다. 자기장이 이집트 북부 지방과 같아지자 갑자기 식사 시간을 늘리더니 일주일 뒤 몸무게가 3.5g이나 늘어났습니다. 늘어난 몸무게는 대부분 지방이

과학자의 비밀노트

멸종 위기에 놓인 철새의 복원

철새들은 생후 첫해 어미와 함께한 이주 경험이 매우 중요하다. 그래서 두루미나 기러기와 같은 조류 가운데 현재 지구상에 얼마 남지 않은 새를 복원하려고 할 경우, 첫해에 대리모를 만들어 함께 겨울 서식지로 이주시켜야 한다. 그러면 두 번째 해부터는 혼자서도 번식지와 겨울 서식지를 오갈 수 있다.

아메리카흰두루미는 캐나다에서 번식하고 겨울철에는 미국 텍사스까지 내려간다. 한때 이 새는 10여 마리까지 급감한 적이 있었으나, 인공 번식시켜 초경량 비행기를 통해 캐나다에서 텍사스로 이주시켰다. 여기서 초경량 비행기는 대리모인 셈이다. 그 후 새끼들은 어미의 도움 없이도 캐나다와 텍사스를 오가면서 번식을 하고 겨울 서식지에서 겨울을 보냈다. 유럽에 사는 흰이마기러기도 비슷한 방법으로 복원에 성공했다. 이 새의 번식지는 노르웨이인데, 겨울에는 독일의 바닷가로 이주해 온다. 흰이마기러기도 대리모로 초경량 비행기를 이용했다.

었습니다. 이러한 발견은 새가 자기장을 이용해 먼 여행을 한다는 확실한 증거가 될 수 있습니다.

기러기가 V자로 날아가는 까닭

철새의 장거리 여행 비결이 과학자들의 실험을 통해 밝혀졌습니다. 장거리 여행 중 에너지를 효율적으로 쓰기 위해서는 연료인 지방을 몸에 가득 채우고, V자 편대 비행을 해야 한다는 사실도 최근에 알려졌습니다.

스웨덴의 연구팀은 시베리아에서 아프리카까지 4,000km에 이르는 거리를 이동하는 붉은가슴도요새를 대상으로 몸무게와 운동 에너지의 상관관계에 대해 실험을 해 보았습니다. 붉은가슴도요새는 장거리 이동을 준비할 때 몸무게가 거의 2배로 늘어납니다.

실험은 몸무게가 서로 다른 도요새를 풍동 실험 장치에 넣고 6~10시간 동안 같은 속도로 날게 한 뒤, 방사성 동위 원소로 혈액의 산소 및 이산화탄소 농도를 측정해 에너지의 대사량을 조사하는 방식으로 진행됐습니다.

그 결과 몸무게가 늘어난 만큼 비행이 힘들지 모른다는 우려가 깨끗이 사라졌습니다. 연구팀은 붉은가슴도요새의 몸무게가 늘어난 만큼 에너지 효율성도 높아졌기 때문이라는 결론을 내렸습니다.

그리고 함께 날수록 힘이 덜 드는 것으로 밝혀졌습니다. 이는 철새들이 V자 편대 비행을 하기 때문입니다. 실험 결과 홀로 날아가는 새들에 비해 에너지를 11~14% 덜 소비하는 것으로 나타났습니다.

프랑스의 한 연구팀은 모터보트와 초경량 항공기를 따라가 도록 훈련시킨 펠리컨들을 대상으로 심장 박동수와 날갯짓 의 횟수를 조사했습니다.

연구팀은 혼자 나는 펠리컨보다 V자 대형을 지어 나는 펠 리컨들이 날갯짓을 덜 하고 심장 박동수도 낮다는 사실을 밝 혀냈습니다. 이 경우 날갯짓을 하지 않고 상승 기류만을 타 는 활강 비행 시간도 더 길어졌습니다. 또한 V자 대형에서 뒤로 갈수록 날갯짓 횟수와 심장 박동수가 낮았습니다. 이는 앞에 날아가는 새가 형성한 상승 기류를 뒤따르는 새들이 이 용하기 때문으로 분석됐습니다.

그럼 뒤에서 나는 새가 힘이 덜 드는 이유는 뭘까요? 이건 매우 위험한 실험이지만, 물리적으로 가능한 일입니다. 고속 도로에서 앞의 차에 바짝 붙어서 달리면 내 차의 연료가 10% 정도 절약할 수 있는 것과 같은 원리입니다. 앞의 새가 날개를 휘저어 발생하는 에너지를 뒤따라 날아가는 새가 이 용하는 셈입니다.

새들은 종류에 따라 나는 높이도 각각 다릅니다. 작은 새들

상승 기류와 하강 기류를 이용하여 활공하는 모습

은 땅 위에서 불과 수십 m쯤에서 날지만 몸집이 큰 새들의 경우에는 수백 m의 높이에서 납니다. 이렇게 높이 날면 공기의 흐름에 몸을 실을 수 있어 에너지 절약에 큰 도움이 됩니다.

독수리와 같은 대형 맹금류는 높이 올라가기 위해 스스로 날갯짓을 하지 않고 따뜻한 상승 기류를 이용합니다. 일단 적당한 높이에 올라가면 다시 서서히 하강 비행을 하여 또 다른 상승 기류를 타고 위로 올라가고, 물론 하강 비행에도 에너지는 거의 쓰이지 않습니다. 이런 식으로 새들은 에너지를 절약하여 먼 거리를 이동합니다.

지형 표지와 태양 기준의 방위 결정

가장 간단한 경우에만 동물은 어떤 외부의 자극원을 향해 움직이거나 그 자극원에서 멀리 움직입니다. 그러나 종종 일정한 방향각을 유지하여 길을 찾거나, 여러 개의 지형 표지 같은 것의 도움으로 길을 찾습니다. 이러한 복잡한 길 찾기 방식은 지형을 보고 길을 찾는 방법과 태양의 위치를 보고 길을 찾는 방법이 있습니다. 둘 가운데 지형을 보고 길을 찾는 방법은 매우 흔한 방법입니다.

실험적으로 새들에게 눈에 띄는 돌, 나무, 해조류의 다발을 다른 곳으로 옮겨 놓으면 둥지로 돌아오는 어미들은 혼란을 일으킵니다. 벌들도 먹이 장소로 날아갈 때 지형 표지를 보고 길을 찾습니다. 만일 중간에 지형 표지를 바꾸면 종종 직선 항로에서 벗어나 다른 지점으로 향하기도 합니다. 이 경우 반드시 지형 표지만을 보고 날아가는 것은 아닙니다.

지형 표지 길 찾기에 태양의 위치를 기준으로 길을 찾는 방식을 경쟁적으로 사용하는 것도 발견할 수 있습니다. 벌들이 먹이 장소에 도착하기 위해 남쪽을 향해 숲 가장자리로 비행하도록 학습하게 했습니다. 그런 다음 동서 방향으로 날아가도록 다른 숲 가장자리에다 데려다 놓았습니다. 대부분의 벌들은 숲 가장자리로 날아갔으며, 단지 일부만 태양을 기준으로 방향을 정한 다음 다시 남쪽으로 날아갔습니다.

이 실험을 통해 동물들은 태양의 도움으로 길을 찾는 데 매우 융통성을 발휘하고 있다는 사실을 알아냈습니다. 바로 태양이 동에서 서로 움직이기 때문에 태양과 이룬 각도는 하루의 시간과 밀접한 관계가 있습니다. 이미 과학자들은 찌르레기가 태양을 기준으로 위치를 찾는 원리를 밝혀냈습니다.

찌르레기는 모든 지형 표지를 제거했을 때에도 원형의 새장에서 정확한 이동 방향을 가리켰으므로, 밝은 하늘은 자연적인 이동 방향과 관련하여 분명한 연관성을 보였습니다. 반면 흐린 날의 경우에 찌르레기들은 길 찾기를 하지 못했습니다. 태양을 보고 길 찾기에 대한 직접적인 입증은 거울 실험을 통해서야 가능했습니다.

원형 새장에 빛을 차단하고 단지 6개의 구멍을 통해서만 빛이 들어올 수 있게 했습니다. 하나의 새장은 빛이 이 구멍으로 직접 들어오게 했으며, 다른 하나는 각각의 거울을 통해서 일정한 각도로 굴절시켰습니다. 맑은 날씨에 둥근 새장에 갇힌 찌르레기에게 거울로 빛의 방향을 90도 굴절시켜 보냈을 때, 찌르레기의 방향성은 빛의 입사각에 맞추어 일정한 변화를 보였습니다. 결국 이 새들은 태양의 위치를 인식하고

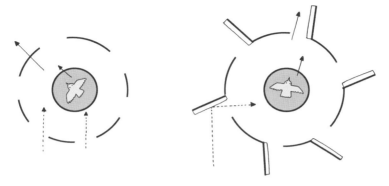

새장 속 찌르레기가 태양 빛의 위치 변화로 방향을 잡는 모습

길을 찾는 것으로 보입니다.

어떤 동물들은 달이나 별을 보고 길을 찾기도 합니다. 탈리투루스 살타토르(*Talirus saltator*)라고 하는 갑각류는 낮엔 태양을, 밤엔 달을 이용해 길을 찾습니다.

많은 새들은 밤에도 이동을 하는데, 별의 도움을 받아 방향을 결정합니다. 모형 천체관 실험을 통해 북미산 멧새인 유리멧새는 북극성을 기준점으로 삼아 길을 찾는 것으로 밝혀졌습니다.

이처럼 동물들이 길을 찾는 데는 먼저 지형 표지를 가장 많이 이용합니다. 지형 표지는 멀지 않은 곳의 위치를 찾을 때 주로 사용하므로, 둥지와 먹이 사냥터가 그리 멀리 떨어져 있지 않아야 합니다. 그렇지만 수천 km를 이동하는 철새들은 태양, 자기장 그리고 별자리 등을 이용해 길을 찾습니다.
사실 철새의 이주에 대한 연구는 초보적인 수준에 머물러 있
기 때문에 아직 더 연구해야 할 내용이 많습니다.

기러기의 알 회수 행동

지금까지는 주로 동물들의 길 찾기에 대해서 이야기했습니
다. 그런데 길 찾기는 동물들이 위치를 정하는 일의 극히 일
부에 속하는 것입니다. 그리고 이런 길 찾기와 자세나 행동
의 위치를 정하는 것을 정위라고 부릅니다.

이런 정위를 제어하는 두 가지 기작이 행동에 존재한다고
합니다. 이것은 마치 배가 프로펠러에 의해 앞으로 나아가
고, 키에 의해 방향이 정해지는 것과 같은 원리입니다. 하나
는 언제 어느 정도의 힘을 일으키며, 또 어느 정도 할 것인가
를 명령합니다. 다른 하나는 그 운동의 공간적인 방향을 지
시하는 것입니다.

한 예로 땅바닥에 알을 낳는 종류의 새가 어쩌다 잘못하여
알이 둥지에서 굴러떨어져 나갔을 때 나타나는 행동에서 볼
수 있습니다. 새는 둥지에 앉은 채로 목을 길게 뽑아 부리 끝

이 알의 저쪽 편까지 도달하게 한 다음, 알이 똑바로 구르도록 끊임없이 세세한 작업을 하면서 둥지로 끌어들입니다.

옆으로 넓적한 부리를 가진 회색기러기는 땅이 고르지 못한 곳에서도 이 동작을 합니다. 만일 굴러 나간 알 대신 작은 원통을 놓아 준 뒤 바닥에 매끄러운 판을 깔아 주면 회색기러기는 같은 방법으로 원통을 둥지로 끌어옵니다. 원통을 회수하는 행동에서는 많은 신경을 쓸 필요가 없기 때문에 원활하게 이 행동이 이뤄집니다.

새가 알의 회수 행동을 시작한 직후에 새로부터 알을 뺏어 버리면 더욱 재미있는 현상이 벌어집니다. 이런 경우 회색기

회색기러기의 알 회수 모습

러기는 마치 아직도 그곳에 알이 있는 것처럼 회수 행동을 계속합니다. 그런데 이때는 알을 굴리는 행동에서 알을 바로잡으려는 동작은 하지 않습니다. 자! 이런 알을 굴리는 행동에는 회수 행동과 수정 행동이 포함되어 있는 것을 알 수 있습니다.

그런데 자세히 살펴보면 두 동작은 외부 자극과 반대로 작용하고 있다는 것을 발견하게 됩니다. 알 회수 행동은 외부 자극과 상관없이 이루어지지만, 수정 운동은 외부 자극이 사라지면 없어집니다. 즉 알 회수 행동은 처음에 굴러 나간 알을 보았으면 그것이 도중에 없어져도 지속되지만, 수정 행동은 그렇지 않습니다. 원통의 경우나 회수 도중에 알을 빼앗은 경우, 수정 행동이 없어졌습니다.

비슷한 예로 파리를 잡아먹는 개구리가 있습니다. 개구리가 왼쪽에 날고 있는 파리를 향해 잽싸게 몸을 왼쪽으로 돌린 다음 혀를 내밀어 잡습니다. 그런데 이 행동을 슬로비디오로 녹화하여 천천히 돌려 보면 몸을 왼쪽으로 돌리는 행동과 혀를 쭉 내뻗는 행동을 구분하여 살펴볼 수 있습니다. 여기서 개구리가 옆으로 몸을 돌리는 동작은 파리라는 외부 자극에 의한 것이고, 혀를 내뻗는 동작은 파리와 상관없다는 사실을 알 수 있습니다.

이때 우리는 파리가 혀를 내미는 행동을 고정 행동 패턴이라 하며, 몸을 파리가 있는 쪽으로 돌리는 행동을 주성이라고 부릅니다. 즉 주성은 외부 자극에 의존하여 일어나며, 고정 행동 패턴은 외부 자극 없이도 일어납니다. 방금 설명한 새의 알 회수 행동은 고정 행동 패턴에 속하고, 수정 행동은 주성이 됩니다.

철새의 이주 행동에서도 이 같은 행동 요소가 들어 있을까요? 겨울이 되어 새들이 이주 채비를 갖추고 어떤 방향을 따라 날아갑니다. 그리고 겨울 서식지(외부 자극)를 발견하면 그곳에 착륙을 합니다. 바로 자신이 가고자 하는 방향을 따라가는 것은 고정 행동 패턴에 의한 결과라면, 서식지의 착지는 주성에 의한 결과입니다.

작년에 갔던 서식지가 사라지면 철새는 어떻게 될까요? 외부 자극이 사라져 주성 행동은 없어졌지만, 고정 행동 패턴은 지속될 것입니다. 이 새는 아마 착륙을 하지 못하고 계속 정처 없이 헤매고 다닐지도 모릅니다.

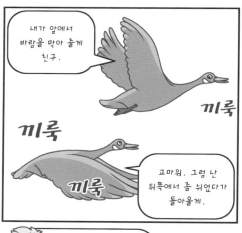

8

동물들의 의사소통

다양한 동물들이 주고받는
특유의 의사소통 방법에 대해 알아봅시다.

8

여덟 번째 수업

동물들의 의사소통

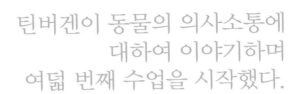

틴버겐이 동물의 의사소통에
대하여 이야기하며
여덟 번째 수업을 시작했다.

사람은 주로 소리를 내서 의사소통을 합니다. 물론 서로를 이해하는 수단이 소리만 있는 것은 아닙니다. 소리 말고도 냄새, 색깔, 몸짓 등 얼마든지 있습니다. 그럼 동물들도 사람처럼 소리로 의사소통을 어떻게 하는지 보겠습니다.

여러분 가운데 동물들이 소리 내서 말하는 것을 들은 적 있나요?

__ 새들의 지저귐이 새들이 서로 말하는 것이 아닐까요?

그렇습니다. 그렇다면 새들이 지저귀면서 무슨 말을 하려고 하는지도 아나요?

── 그건, 그냥 사람들이 즐거우면 콧노래를 하듯 즐거워서 지저귀는 것 아닐까요?

　새들의 노래는 번식기에 국한되어 있고, 번식을 하기 위해 수컷은 노래를 부르며 '여기는 내 땅이오'라는 의미를 다른 수컷들에게 전하고 있는 것입니다. 게다가 암컷에게는 '여기 멋진 사내가 있으니 나와 결혼해 주시오'라는 의미로 노래를 하고 있는 것입니다.

　이때 한 학생이 손을 들어 질문을 했다.

　── 그렇다면 각각의 의미를 어떻게 알 수 있나요?

　참 좋은 질문입니다. 과학자들은 동물들이 내는 소리를 연구합니다. 그 소리에 어떤 의미가 있는지를 알아내는 일은 매우 흥미롭습니다. 일단 소리를 녹음해서 다시 들려주는 방법을 이용하여 그 소리를 들은 동물들의 반응을 보고 의미를 알아냅니다.

　이렇게 해서 지금까지 매우 재미있는 연구들이 이루어져 왔습니다.

혹등고래의 언어

　겨울철 혹등고래들이 열대의 바다에서 서로 만나면 수컷들은 노래를 부릅니다. 몸길이 15m, 몸무게 30t이나 되는 혹등고래는 딸각딸각 하는 소리가 부드럽게 떠는 음으로 바뀝니다. 그런 다음 갑자기 노래를 하기 시작합니다. 이 노래는 거의 20분 동안이나 계속됩니다.

　혹등고래 전문가인 미국의 생물학자 페인(Roger Payne, 1935~)의 말에 의하면, 혹등고래의 노래는 악기로 말하면 오보에와 트럼펫의 여린 소리를 합성한 소리에 이어 백파이프의 높은 음으로 소리를 냈다가 다시 가장 낮은 음의 오르간

소리로 끝난다고 합니다. 이 노래는 음절로 나눌 수 있으며, 그 사이는 항상 거의 같은 높이의 멜로디로 이어집니다. 이 것은 노래의 후렴처럼 들립니다.

오늘날 해양 생물학자들은 이 부분의 멜로디가 각 혹등고래를 나타내는 음성학적 인식표라고 주장하고 있습니다.

혹등고래의 노래는 한 번 시작하면 종종 5분 정도 걸리지만 가끔은 30분 정도로 긴 것도 있습니다. 그리고 이 노래는 지구상의 그 어떤 다른 노래와도 비교할 수 없을 만큼 아름답습니다. 심포니 오케스트라의 작곡가에게도 흥분을 불러일으킬 정도입니다.

혹등고래는 소리를 모든 방향으로 똑같이 퍼져 나가게 하는 것이 아니라 단지 두 방향으로만 퍼져 나가게 냅니다. 그래서 혹등고래의 노래는 수천 km 떨어진 곳에서도 들을 수 있는 것입니다.

이러한 것이 단지 동료 고래의 이름을 부르는 노랫소리인지, 배우자에게 전하는 사랑 노래인지, 혹은 다른 정보가 들어 있는지는 아직 밝혀지지 않았습니다. 하지만 혹등고래가 대서양에서와 달리 태평양에서는 다른 멜로디의 노래를 부른다는 사실은 확인되었습니다. 태평양에서는 자신의 멜로디를 해마다 쉽게 바꾸고 있으며, 합창할 때 마치 돌림노래처럼 한 소절 밀려서 노래를 하는 것으로 나타났습니다.

컴퓨터 분석 결과 혹등고래는 훌륭한 음악성뿐만 아니라 매우 많은 멜로디를 기억하는 것으로 밝혀졌습니다. 그러나 많은 부분이 아직 수수께끼로 남아 있습니다. 혹등고래가 합창할 때 혹등고래에 가까이 접근했던 수족관의 잠수부에 의하면, 그들의 몸이 마치 바이올린처럼 진동하기 시작했으며 소리 진동도 매우 컸다고 합니다.

혹등고래보다 더 신뢰할 만한 동물들의 음성학적 신호는 얼마든지 많습니다. 개 짖는 소리, 고양이 울음소리, 늑대의 포효 등이 있습니다. 이런 음성 신호 외에도 진동을 일으키는 동물의 세계가 또 존재합니다. 예를 들면 '물속의 거대한 북소리' 가 그것입니다. 이 소리는 수백만 마리가 무리 지어 사는 물고기들이 자신들의 부레를 진동시켜 내는 음입니다. 이 소리는 위험을 알리는 신호음입니다. 이 거대한 북소리를 들은 포식자들은 겁을 내고 달아납니다.

곤충들의 언어

흰개미류의 일부 병정개미들도 땅속에 파 놓은 굴 통로의 바닥에 자신들의 머리를 부딪쳐서 진동음을 냅니다. 이런 진동음은 일부의 개미 종류, 늑대거미 그리고 메뚜기류에서도 발견할 수 있습니다. 이들은 모두 자신들의 배를 땅바닥에 부딪혀 소리를 냅니다. 물론 이 소리는 자신들의 동료에게 위험을 알려 그 위험에서 피하도록 하는 신호입니다. 많은 곤충들은 소리를 내기 위해 특별히 발달된 발성 기관을 갖고 있습니다. 날개를 비벼 대는 귀뚜라미, 가슴의 얇은 막을 진동시키는 매미가 그렇습니다. 이들은 소리 간격을 달리하여 자신들의 배우자를 유인합니다.

가위개미 무리를 모래로 덮어 옴짝달싹 못하게 하면 모래에 진동음을 내보냅니다. 이 진동음은 동료들에게 긴급 상황을 알리기 위한 목적으로 전달하는 것입니다. 암컷을 찾을

과학자의 비밀노트

늑대거미(Lycosidae)
거미강 거미목의 한 과. 전 세계에 100속 2,253종이 서식한다. 8개의 홑눈은 모두 검고, 다리에는 센털이 많다. 발톱은 3개이며 뒷발톱에 이빨 모양의 돌기가 나 있다. 넷째 다리가 가장 길다. 알주머니를 거미줄 돌기에 달고 다니며, 부화한 새끼를 등에 업고 다니는 종이 많다. 초원·모래밭 등지에서 떠돌이 생활을 한다. 우리나라에는 5속 26종이 분포하는 것으로 알려져 있다.

목적으로 진동음을 내는 생물로는 과테말라에 사는 거미가 있습니다. 이 거미는 대개가 바나나와 용설란에 삽니다. 발정난 수컷 거미는 힘찬 진동으로 메시지를 보냅니다. 그 메시지는 마치 도약판에서처럼 바나나 잎에서 특정 리듬으로 튕겨 나옵니다. 다른 잎에 앉아 있던 암컷은 진동 수용기로 그 메시지를 읽고 답변을 하게 됩니다. 이 거미가 바나나 잎을 선호하는 까닭은 바나나 잎이 딱딱하고 잘 꺾이면서 진동이 줄기 위로 잘 전달되기 때문입니다.

옛날에는 흔히 볼 수 있었던 땅강아지가 요즘 많이 사라졌습니다. 그런데 이들이 소리를 낸다는 사실을 아는 사람은 거의 없습니다. 땅강아지는 귀뚜라미처럼 날개를 마찰시켜 소리를 냅니다. 그러나 주로 땅속에 굴을 파고 살고 있기 때

문에 배우자를 유인하기 위해 내는 이 신호음은 땅속 장애물에 의해 빨리 사라지게 됩니다.

이들은 이런 땅속의 장애를 극복하기 위해 가장 상단의 통로에 두 개의 깔때기 모양의 출구를 땅 위로 향하도록 팝니다. 이것은 긴 나팔과 같습니다. 그러한 모양의 땅속 구조는 마치 사람들이 야유회 때 자주 사용하는 휴대용 스피커와 같은 기능을 합니다. 이런 증폭의 효과로 이 소리는 600m나 떨어진 배우자에게도 전달됩니다.

알 속에서 내는 소리

새들은 고유한 소리를 지니고 있습니다. 그러나 이 소리는 알 속에서부터 배웁니다. 예를 들어, 메추라기는 알 속에 있는 새끼 때부터 의사소통을 할 수 있습니다. 알 껍질을 깨자마자 호흡기에서 나온 새끼의 숨결 소리는 알의 둥근 부위의 끝 쪽으로 옮겨집니다. 그리고 숨소리는 점점 더 빨라집니다. 이때 이것은 메추라기의 음성학적 신호입니다.

이 신호는 나머지 알들에게 촉진제 구실을 합니다. 이러한 신호는 동시에 급속히 퍼져 나가 모든 새끼들이 거의 같은 시점에 알에서 깨어나도록 합니다. 이것은 무리 번식을 하는 새들에게 새끼들이 함께 어미를 따라 떠나야 하기에 음성 신호를 이용한 의사소통이 알 속에서부터 시작되는 것입니다.

수천 마리가 가파른 바위 위에서 번식을 하는 바다오리의 경우도 어미가 새끼의 모습뿐만 아니라 알 속에 있는 새끼의 음성을 듣고 인식을 합니다. 반대로 새끼들은 알에서 깨어나기 전 이미 어미 목소리를 인식합니다. 바로 한 평도 못 되는 좁은 공간에 10명의 가족이 함께 살고 있어도 누가 누구인지를 잘못 판단하는 실수는 좀처럼 생기지 않습니다.

아델리펭귄은 어린 새끼들을 위해 육지에다 '대형 유치원'을 만들어 운영합니다. 부모들은 이 유치원에다 새끼들을 맡

기고 바다로 나가 식량을 구해 옵니다. 이들이 서둘러 무리를 지어 돌아오면 유치원에 있던 새끼들이 앞다퉈 몰려옵니다. 그러나 펭귄 부부들은 용케도 제 새끼를 알아냅니다. 바로 새끼들의 목소리가 어미의 제 새끼 인식표가 됩니다.

그리고 아델리펭귄 새끼들이 자신들의 부모에게서만 먹이를 얻어먹을 수 있기 때문에 이런 인식은 생명을 보존하는 데 매우 중요합니다. 만일 아빠와 엄마가 죽게 되면 새끼들은 동료들 한가운데서 굶주려 죽게 됩니다. 유치원에서도 펭귄 새끼들 간의 먹이 경쟁이 있게 되면, 많은 새끼들이 죽게 됩니다. 먹이를 나눌 때 나이가 들고, 힘이 세면서 공격적인 놈들이 먼저 먹이를 먹게 되어 그렇지 못한 놈들은 굶게 됩니다.

자연의 세계는 뻔뻔스런 놈들이 아주 거리낌 없이 살아남는 것이 규칙이기도 합니다. 만일 이것이 계속 지켜진다면 1년에 단 한 마리의 새끼를 낳는 펭귄 부부에게는 번식 성공 전략이 실패로 돌아가고 말 것입니다. 그래서 남극의 황량한 지역에서 모든 펭귄들이 자신의 새끼만을 돌봅니다. 그래서 어미 펭귄은 사냥에서 돌아오면 엄청나게 많은 유치원생들 앞에서 자신의 새끼 이름을 부르는 것입니다.

__ 박사님! 참 신기하네요. 어떻게 그게 가능해요?

아빠~.

펭귄 유치원

펭돌아, 잘 놀았니?

   그건 바로 알 속에서부터 새끼들이 어미의 목소리를 듣고 배웠기 때문에 가능한 일입니다. 엄마 새와 알 속에 있는 새끼들 간의 의사소통이 이루어질 수 있는가는 닭장에서도 관찰할 수 있습니다. 포란 중인 암탉은 부화 직전 알 속에 있는 새끼의 알 두드리는 소리와 삐악삐악 소리에 의해 상태에 관한 정보를 얻습니다.

   그리고 알 속에 있는 병아리는 어미의 목소리를 익히며, 이소리는 나중에 이 병아리의 생존을 위해 가장 중요한 신호가 됩니다. 만일 사람들이 둥지에서 암탉을 잡으려 하거나 개가 냄새를 맡으며 둥지로 가까이 다가가면 암탉은 꼬꼬댁 하며 경계음을 냅니다. 그리고 곧바로 알은 조용해집니다. 이 암탉이 유인음으로 경계 해제를 알려야만 알 속의 새끼들은 다시 소리를 냅니다.

병아리가 태어나면 이 삐악삐악 소리는 어떤 기능을 할까요? 바로 어미 닭으로 하여금 돌보는 행동을 하게 합니다. 간단한 실험을 해 보겠습니다.

투명한 플라스틱 반구형 상자와 나무판자를 준비하여 병아리를 이 반구형 상자에 가두고 어미가 병아리의 삐악거리는 소리를 듣지 못하게 했습니다. 물론 어미 닭은 병아리를 볼 수 있습니다. 어떻게 될까요? 어미 닭은 반구형 상자 안에 든 병아리를 돌보려 하지 않습니다. 병아리가 열심히 삐악거리는 데도 말입니다.

이번에는 반구형 투명 상자 대신 나무판자로 칸막이를 해 봤습니다. 이때 어미 닭은 소리를 들을 수 있지만, 볼 수는

없습니다. 어떻게 됐을까요? 어미 닭은 나무판자 앞으로 다가와 병아리를 열심히 찾습니다. 우리는 삐악삐악 소리가 어미 닭이 새끼를 돌보는 행동을 유발하는 자극원임을 알 수 있습니다.

개구리의 언어

개구리는 주로 밤에 개굴개굴 소리를 내며 웁니다. 그것은 수컷이 암컷을 부르는 소리입니다. 암컷은 소리를 낼 수 없지만, 잘 들을 수 있도록 귀가 발달했습니다. 물론 수컷들도 소리를 들을 수 있습니다. 만약 다른 개구리의 울음소리가 너무 가깝게 들리면 자리를 옮깁니다. 이처럼 수컷은 울음소리를 통해 어둠 속에서 다른 수컷들과의 거리를 적절하게 유지합니다. 간혹 다른 개구리가 가까이 다가오면 울음소리를 바꿀 때도 있습니다. '내가 여기 있으니까 더 이상 가까이 오면 안 돼!' 하고 경고를 보내는 것이지요.

개구리는 짝짓기를 위해 집단을 이루는데, 작은 집단의 울음소리보다 큰 집단의 울음소리가 멀리까지 울려 퍼지기 때문에 여럿이 모여서 웁니다. 다 함께 신호를 보내서 암컷을 유혹해 짝짓기에 성공하려는 속셈인 것입니다.

청개구리가 좋은 예가 됩니다. 여러 마리 개구리가 한꺼번에 소리를 내면 정신없을 것 같지요? 그러나 개구리들은 자기 울음소리를 암컷에게 효과적으로 전달하기 위해서 가까이 있는 개구리의 울음소리에 맞춰 웁니다. 그런데 개구리 중에서는 울음소리를 내는 능력이 좀 부족한 수컷도 있겠지요? 그런 수컷은 큰 집단에 끼어서 울음소리를 내다가 자기 실력보다 더 매력적인 소리에 끌려서 다가온 암컷을 가로채기도 합니다. 사람 사는 세상과도 좀 비슷한 면이 있습니다. 이보다 더 재미있는 일도 많이 있습니다.

울음소리를 내는 집단 안에서 개구리들의 경쟁은 무척 치열하기 때문에 수컷들은 여러 가지 짝짓기 전략을 갖고 있습

니다. 연구에 따르면, 덩치가 작은 개구리는 덩치 큰 개구리가 내는 울음소리가 자신이 낼 수 있는 소리보다 두 배 이상 클 때, 조금 다른 짝짓기 전략을 보인다고 합니다.

작은 개구리는 울음소리를 내는 대신, 덩치가 큰 개구리 주위에 조용히 숨어 있다가 소리를 듣고 가까이 다가온 암컷 앞에 나타납니다. 암컷을 가로채는 것이지요. 이때 진짜로 울음소리를 내는 큰 개구리를 '소리꾼'이라고 한다면, 이런 개구리는 '들러리' 개구리라고 부릅니다. 들러리 개구리는 소리꾼 개구리에 비해 번식에 성공할 확률이 상대적으로 낮습니다.

그런데 개구리 중에는 기회주의 개구리도 있습니다. 기회주의 개구리들은 일정한 장소에 머무르지 않고 이리저리 옮겨 다니면서 소리꾼 전략과 들러리 전략을 번갈아 가며 씁니다. 말하자면 이웃에 자기보다 목청이 좋은 소리꾼이 있으면 들러리 행세를 하고, 그 반대의 경우에는 자기가 직접 소리꾼으로 나서기도 합니다. 이렇듯 논에는 소리꾼과 들러리, 그리고 번갈아 가면서 소리꾼과 들러리 행세를 하는 개구리들이 모여 함께 살고 있습니다.

동물들이 대화를 한다고 하면 우선 소리를 떠올리게 됩니다. 그러나 의사소통이라고 하면 소리만 있는 것이 아닙니다. 시각이나 냄새, 촉각을 이용한 방법도 있습니다.

냄새를 내서 의사소통하는 동물들은 소리로 할 수 없는 경우, 즉 소리가 들리지 않을 정도로 멀리 떨어져 있거나 다른 종보다 자신의 종에 국한하여 의사소통하는 방법입니다. 산누에나방 암컷은 수십 km 떨어진 곳까지 냄새를 보내 수컷을 유인합니다. 그런데 이 냄새는 사람도 마찬가지만 다른 동물들은 전혀 맡을 수 없습니다.

햄스터 수컷은 암컷을 유인하는 냄새 물질이 옆구리에 위치한 분비샘에서 만들어집니다. 그리고 암컷 집쥐의 오줌 속에는 그 쥐의 성적인 상태를 알려 주는 정보를 담고 있습니다.

다 자란 수캐는 한쪽 다리를 들고 오줌을 눕니다. 수캐는 이런 식으로 영역을 표시합니다. 오줌 냄새는 다른 수캐에게 이 땅은 내 구역이니 들어오면 안 된다는 신호입니다.

시각적으로 의사소통하는 동물은 참 많습니다. 열대 혹은 아열대 바닷가에 사는 농게의 수컷들은 두 집게발 가운데 큰 집게발 하나를 움직여 의사소통을 합니다. 대개 눈에 띄는 색깔로 되어 있습니다. 이 집게발의 움직임에 따라 몸의 움직임이 동반되어 더욱 큰 움직임으로 보입니다.

열대 지방의 군함새는 수컷이 번식 초기에 붉은 목주머니를 부풀려 보여 주거나, 수많은 조류들은 색깔을 띤 깃털 부

위를 발달시켜 눈에 띄게 합니다. 이와 비슷한 예가 공작 수컷의 부채처럼 펼친 꼬리깃을 들 수 있습니다.

시각적 의사소통은 큰가시고기에서도 찾을 수 있습니다. 구애춤이 바로 시각에 의한 방법입니다. 수컷의 붉은 배와 암컷의 부푼 배, 그리고 지그재그 춤 모두 시각을 통한 의사소통 수단입니다.

마지막으로 촉각 혹은 접촉에 의한 의사소통이 있습니다. 접촉은 생물들의 세계에서 중요한 의미를 지니고 있습니다.

특히 거미의 수컷들이 암컷과 무언의 사랑 노래를 주고받을 수 있도록 발달되어야만 했습니다. 보통 거미의 암컷이 수컷보다 훨씬 크며, 만일 암컷에게 사랑의 의사가 전해지지 않으면 청혼을 망치는 불상사가 일어납니다. 그래서 왕거미 수컷은 아주 조심스럽게 그리고 특유의 접촉 언어를 구사하면서 암컷에게 접근을 합니다. 나와 노벨 생리 · 의학상을 공동으로 수상한 내 친구 프리슈는 이 거미의 접촉 언어에 대해 다음과 같이 멋지게 설명하고 있습니다.

"왕거미는 접촉 감각 기관이 다른 어떤 감각 기관보다 훨씬 훌륭하게 만들어졌다. 수컷은 암컷의 거미그물에다 하나의 섬유를 걸고 특별한 방식으로 잡아당긴다. 마치 그것은 집에 있는 사람에게 전화를 걸어 불러내는 것과 유사하다.

그래서 수컷 왕거미는 집의 분위기가 어떠한지를 반응을 통해 알게 된다. 수컷은 선물로 이 문제를 해결한다. 그들은 파리를 잡아 그것을 실로 포장하여 결혼 선물로 암컷에게 건네준다. 암컷이 그것을 먹느라 정신이 팔려 있는 동안 수컷은 교미에 성공한다. 수컷 거미가 암컷 거미의 그물에 그냥 걸어간다는 것은 목숨을 건 모험이다. 이것은 생명을 지키고자 하는 행위 이상으로 발달해 왔다.

수컷이 친절한 초대만을 기대하지 않는 이유는 수컷이 암컷의 거미그물에 올라가기 전에 구조 실(도망용 거미줄)을 설치하는 데서 알 수 있다. 이 구조 실은 그가 위험이 닥치면 순식간에 피할 수 있는 마지막 보루다. 그래서 사랑이 맹목적인 것은 아닌 것이다."

9

동물의 행동과 인간

사회성이 높은 동물 행동과 인간 행동의 공통점과 차이점에 대해 알아봅시다.

9

마지막 수업

동물 행동과 인간

틴버겐이 아쉬운 표정을 지으며
마지막 수업을 시작했다.

　동물들의 행동을 연구하다 보면 인간의 행동에 관심을 가질 수밖에 없습니다. 우리 인류는 동물의 행동과 비슷한 행동을 하는 경우가 매우 많습니다. 게다가 침팬지의 행동은 다른 동물보다 더 인류와 비슷한 점이 많습니다. 그래서 나는 이 수업에서 동물의 행동을 탐구하면서 '과연 인간의 행동을 변화시킬 수 있을까?' 즉 '우리 인간은 성격을 변화시킬 수 있을까?' 라는 질문을 던져 봅니다.

　사람들은 왜 어떤 특정한 행동을 하거나, 하지 않을까요? 왜 어떤 상황에서는 이렇게 하지 않고 저렇게 행동하는 것일까요? 바로 여기에 인류를 막다른 골목에서 구출하고자 하는 사람들의 기묘한 대응책이 있을 수 있습니다. 도대체 우리 인간은 자신을 알고 있는 것일까요? 나는 이 질문에 대해 매우 부정적입니다.

유명한 동물 행동학자이자 나의 친구인 로렌츠(Konrad Lorenz, 1903~1989)는 나에게 다음과 같은 의미 있는 이야기를 해 주었습니다.

"인류의 본질에 대한 우리의 관점을 새로운 바탕 위에 서게 한 동물 행동학 연구는 우리 자신을 포함한 모든 생명체가 지금과 같은 신체 구조뿐만 아니라 행동 특성까지도 가지게 되었다는 것을 알게 해 주고 있다. 바로 이런 나의 사고는 계통 발생학적인 발달 덕분이라는 인식에서 출발하고 있다."

이는 인간 또한 다른 생명체와 마찬가지로 선천적인 행동 규범을 지니고 있음을 밝혀내는 것이 동물 행동학의 도덕적 임무라고 설명하고 있는 것입니다. 오늘날까지 그 누구도 인간과 고등 동물의 행동 양식에서 선천적이거나 후천적인 긴밀한 연관성을 부정할 수는 없었습니다.

동물 행동학자들은 짚신벌레에서부터 인간에 이르기까지 수많은 종의 동물 행동을 관찰하고 기록하여 분석하고 있습니다. 어떤 이들은 동물과 인간을 비교 연구하여 '인간 행동

의 동물적인 뿌리'라고 불릴 만한 것을 알아내려고 시도하기
도 합니다. 우리는 그런 행동 연구들을 통해 인간의 본질이
무엇인가를 살펴보려고 하는 것입니다.

텃세 행동

인간과 동물은 공통적으로 소유에 대한 하나의 특수한 형
태로서 외부인에 대한 경계인 터를 소유하고 있습니다. 인간
의 경우 텃세 행동은 교육적인 수준이나 사회적 지위와는 무
관합니다. 어른들은 해수욕장에서 자기 구역을 정해 놓고 그
곳을 다른 사람이 지나가면 화를 냅니다. 인간은 단골 술집
을 만들거나 도서관에 지정석을 따로 설정합니다. 또 집 주
위에 담을 쌓고 문에다 '개조심'이라고 써 붙이기도 합니다.
마찬가지로 축구 경기장이나 권투 시합장에서도 홈팀이 유
리하도록 일종의 텃세 행동을 보여 줍니다.

인간은 늘 자기 터(구역)를 경계선이나 담장, 그리고 표지판
등을 통해 관리하고 있습니다.

인간이 담장을 세우는 행동은 개가 냄새로 표시하는 것과
같습니다. 다른 개들은 이 터가 어떤 대단한 개의 것인가 하

고 쿵쿵거리며 냄새를 맡습니다. 그리고 그 자리에다 오줌을 싸서 자기 자신의 소유지로 삼으려 합니다. 동물 행동학에서 이것을 텃세 행동의 현상이라고 부릅니다.

이 텃세 행동은 모든 척추동물에게서 볼 수 있는 현상입니다. 이따금 불가사리, 게, 거미 등이나 귀뚜라미, 잠자리, 사마귀 등의 곤충과 같은 무척추동물에서도 볼 수 있습니다. 동물 행동학에서는 터를 먹이터, 번식터, 짝짓기터, 집단터로 크게 분류하고 있습니다. 이 터 표시는 동물의 종류에 따라 시각적 · 청각적 · 후각적 방법으로 표현하고 있습니다.

그럼 아프리카에 사는 영양의 이야기로 텃세 행동을 살펴보겠습니다. 수컷 영양들은 한 치의 땅을 빼앗기 위해 위험한 결투를 합니다. 이러한 결투로 자주 다치기도 하지만 한 마리가 물러설 때까지는 절대 포기하는 법이 없습니다. 승자만이 자기의 터를 차지하게 됩니다. 그렇게 되면 그는 이웃 수컷 영양과의 인접한 경계를 결사적으로 방어할 필요가 거의 없게 됩니다. 이제는 그의 몸짓 하나만으로 위엄 있고 우세하게 보이기 때문입니다.

수컷의 눈 위에는 강한 냄새를 분비하는 선이 잘 발달되어 있습니다. 이 냄새는 다른 수컷에게 자기의 위치에 대한 정보를 알려 주는 기능을 합니다. 자기들의 냄새로 서열을 표

시하고 있는 것입니다. 정복자들은 자기 구역의 경계선에다
표시를 하는데 이때 얼굴을 나뭇가지에 비벼댑니다. 자기 구
역에서 이 냄새는 '절대 출입 엄금'이라는 경고로서의 정보
기능을 하고 있습니다.

물론 터 주인은 자신의 힘이 강한 한 터를 방어하기 위해
애씁니다. 힘이 약해질 때 땅을 잃게 됩니다. 영양의 세계에
서는 힘이 센 수컷만이 암컷이 가장 자주 들르는 최고의 방목
터를 소유하고 오랫동안 그곳을 지킬 수 있습니다. 그렇다면
터의 질은 터 주인의 성공 기준이 됩니다.

이것은 인간의 경우도 거의 비슷합니다. 지배자인 수컷은 혼자서 많은 암컷들과 짝짓는 권한을 소유하게 됩니다. 그리고 힘이 센 형질의 유전자는 다음 세대로 전달될 수 있습니다. 이것은 수컷 영양들에게 성공된 삶을 결정해 주는 것입니다. 이 동물들에게 터란 생식을 위한 절대적인 조건이 됩니다.

오늘날 인간도 본능적 텃세 행동을 하고 있습니다. 영장류에 속하는 인간은 모든 고등한 영장류와 마찬가지로 사회생활, 즉 집단생활을 하는 동물인 것은 확실합니다. 원시 인간들은 작고 보잘것없는 무리를 이루며 살았을 것으로 추측됩니다. 즉 누구나가 서로 아는 사회, 안전과 먹을거리, 그리고 생존의 기회를 제공하는 싸움 사회, 그리고 보호 사회를 이루었을 것으로 봅니다.

이웃 집단과의 관계는 다정했고, 그렇지만 영역 침범은 강력한 힘으로 대항했을 것입니다. 세월이 지나면서 좀 더 큰 집단터, 즉 조상 대대로 물려받은 땅으로 형성되어 갔습니다. 오랜 세월이 흐르면서 가족 무리 그리고 친족 무리가 결합하여 커다란 민족이 생겨났습니다.

집단 텃세에서 집단 의식, 마침내 모국에 대한 강력한 정신적 유대가 생겨났습니다. 오늘날 외부 위협에 대한 두려움은 강력한 무기와 무시무시한 구조물을 만들어 내게 했습니다.

핵무기를 만들어 냈고 남북한을 가로막고 있는 비무장 지대 (DMZ)도 바로 그런 것입니다. 우리는 지금 이렇게 민족 간의 텃세 행동을 하고 있는 것입니다.

서열 행동

텃세 행동과 같이 인간의 힘과 권세를 얻기 위한 애착, 즉 중요한 존재가 되고 싶은 욕망은 인간의 생물학적 역사를 더듬어 보면 쉽게 이해할 수 있습니다. 인간의 조상은 한 집단 내에서 하나의 우두머리가 필요했습니다. 그 우두머리는 전통을 중시하고 평등을 보장해 주었으며, 나아가 집단 내의 규율을 만들어 냈습니다. 훌륭한 우두머리를 섬긴다는 것은 구성원에게 유익한 일이었습니다. 그렇기 때문에 가장 뛰어난 집단이 되기 위해서는 훌륭한 누군가가 우두머리가 되어야만 했습니다.

거기에는 욕망이 내재되어 있습니다. 그래서 우리는 어떤 서열 조직 내에서, 아니 전 생애를 통해서 한 단계 더 높은 지위를 갖기 위해 삽니다. 지금 여러분이 다니고 있는 학교에서, 어른들이 다니는 직장에서, 경기장에서, 시장에서 그리고 친목 단체 내에서 늘 다른 사람들과 어울리면서 얼마간 확실한 지위를 차지하고 싶어 합니다. 그래서 우리는 마음이 여유롭지 못합니다. 이처럼 위계질서와 지위를 얻으려는 애착은 인간 사회를 형성했던 역사와 함께 유전되어 계속 발전해 왔습니다.

그럼 동물 행동학자들은 위계질서 사회의 문제에 대해 어떻게 이야기할까요? 이미 50년 전 노르웨이의 심리학자 셸데루프-에베(T. Schjelderup-Ebbe, 1894~1982)는 닭의 사회적 위계질서 현상에 대해 밝혀내고 그것을 '쪼는 순위'라 불렀습니다. 그는 일단 위계질서가 정해지면 닭 집단의 구성원들은 평화적이라는 것을 확인했습니다. 보통 서열이 높은 쪽의 조그마한 위협 표시에 반항하던 서열이 낮은 쪽은 위축되어 버립니다. 셸데루프-에베는 서열이 비슷한 두 마리의 닭에서 가벼운 싸움을 목격했습니다.

로렌츠는 회색기러기에서 위계질서가 계승되고 있다는 사실을 알아냈습니다. 서열이 높은 부모를 둔 새끼 기러기들은 자기 부모의 보호 아래 아주 제멋대로 행동을 한다는 것입니다. 특히 그들은 서열이 낮은 어른 기러기들을 함부로 공격하기도 합니다. 게다가 새끼들은 부모로부터 자신감을 얻게 됩니다. 이런 식으로 서열 행동은 새끼들에게도 높은 서열을 갖도록 학습된다는 것입니다.

　그래서 위계질서가 계속 발전하려면 어쨌든 공격적이어야
하며 서열 유지를 위해 늘 애써야 합니다. 일단 패배하면 낮
은 서열을 받아들이고 복종해야 합니다. 이러한 사회적 위계
질서는 원래 어떤 집단 내 공격성을 누그러뜨리도록 하는 하
나의 기작으로 발달해 왔습니다.

　인간과 비슷한 침팬지를 살펴보면 이런 기작은 더 확실해
집니다. 한 무리 침팬지 집단에서 상위 자리에는 한두 마리
의 힘센 수컷이 있게 마련입니다. 그다음에는 성숙된 암컷들
이, 그리고 마지막에는 어린 침팬지 순으로 서열을 이루고

있습니다. 이 위계질서에서 서열은 수시로 바뀔 수 있습니다. 이것은 각 상황에 달려 있으며, 또 가까이에 친구나 친척이 있느냐에 따라 큰 영향을 미칩니다. 따라서 누구나 사회에서는 그의 자리가 새롭게 강화되어야 하며, 그래서 집단 내에서는 늘 다툼이 있게 마련입니다. 그렇지만 항상 실제 싸움으로 이어지는 것이 아니라 털을 바짝 세워서 위협 자세를 보여 줌으로써 과시를 하는 것입니다.

이렇게 상대에게 무섭게 보이도록 하는 것은 자신의 힘을 소모하지 않는, 즉 몸짓에 불과한 행동입니다. 가끔 가장 서열이 높은 침팬지는 시무룩하게 팔을 굽히고 어깨를 위로 하여 나뭇가지를 흔들면서 나무 잎사귀로 시끄럽게 소리만 내고 있습니다. 다른 침팬지들은 이것에 매료되어 쳐다보고 있지만, 언젠가 이 침팬지도 서열이 강등되어 사나움도 사그라지게 될 것입니다.

빙하 시대 인간의 조상들은 힘들고 어려운 환경에서 자기 자신들의 위치를 스스로 지켜야 했습니다. 각 세대들은 강함, 교활함, 그리고 난폭함을 통해 이런 투쟁에서 이길 수가 있었습니다. 그리고 친척 내에서도 육체적인 힘과 정신적인 능력을 통해 가능한 높은 서열을 획득하려고 했습니다. 왜냐하면 서열이 높은 자만이 가장 유리한 생존 조건을 부여받았기 때문입니다.

　이런 행동은 후세까지 내려오는 동안 우리 인간들의 행동으로 각인되어 왔습니다. 만일 이러한 가혹한 시련이 없었던들 예술, 종교, 윤리, 그리고 인간성이 존재하지 않았을 것입니다. 물론 인류의 오랜 진화 과정 중에 있던 많은 것들이 추측과 의심으로만 남아 있지만, 이런 것들은 오늘날의 상황을 좀 더 잘 이해하는 데 도움을 줄 수 있습니다. 결국 동물 행동의 연구는 인류 발전의 새로운 단계이자 진화의 새로운 장을 여는 출발이 될 수 있습니다.

너, 선 넘어왔어. 이 지우개 내가 갖는다!

뭐야, 이 책상이 네 것이니?

흥! 너도 저번에 선 넘어갔다고 내 팔 꼬집었잖아!

그… 그땐….

후후…, 텃세 행동인가요?

텃세 행동이요?

터를 소유한 주인이 외부인을 경계하는 행동이죠. 인간과 동물이 모두 가지고 있는 일종의 본능적인 행동이에요.

어서 오세요.

사람도 낯선 곳에 가면 더 조심스러워하지요. 터 주인에게 허락을 구하거나 양해를 구해야 하는 경우도 있죠.

닐레합니다.

개들 역시 냄새를 맡아 터 주인이 어떤 개인지 알아보고, 그 위에 자기 오줌을 싸서 자기 소유지로 삼으려 하기도 하죠.

음…, 이 터 주인은….

인간과 동물이 비슷한 게 많군요.

결국 인간도 동물이니까.

그렇죠. 끊임없이 진화하여 지금의 모습이 되었지만, 결국 동물 행동의 연구는 인류 발전을 위해서도 중요한 것이죠.

자연에서 동물 행동을 연구한 틴버겐
Nikolaas Tinbergen, 1907~1988

틴버겐은 1907년에 네덜란드 헤이그에서 태어났습니다. 학창 시절 공부에 두각을 나타내지는 않았지만, 해변과 호수 주변을 돌아다니며 식물이나 돌, 바다 생물 수집에 푹 빠져 지냈습니다.

틴버겐은 네덜란드 레이던 대학에서 생물학을 공부하기로 결심했습니다. 대학을 졸업하고 박사 과정을 밟으면서 해부학과 동물 행동학 학부 강의를 맡았습니다.

1936년 레이던 대학에서 본능에 대한 심포지엄을 개최하고 로렌츠를 초청했습니다. 이것이 틴버겐과 로렌츠의 첫 만남이었습니다. 이후 두 사람은 학문적 동지가 되었습니다.

틴버겐이 야생에 있는 동물을 관찰하며 동물 행동을 연구했다면, 로렌츠는 야생 동물을 실험실로 가져와 사육하면서 동물 행동을 연구했습니다. 이들은 서로 관찰하고 분석한 행동의 원리를 가지고 동물 행동학의 기초를 다지는 데 큰 구실을 했습니다.

1951년 틴버겐은 제2차 세계 대전 후 미국과 영국을 순회하면서 동물 행동에 대해 강의를 했는데, 이 무렵 영국 옥스퍼드 대학의 교수가 되었습니다. 옥스퍼드 대학에서 많은 제자를 배출했는데, 그 가운데에는 저명한 동물 행동 저자인 모리스(Desmond Morris, 1928~)와 도킨스(Richard Dawkins, 1941~)도 있습니다.

1973년 그는 생리 의학 분야에서 독일의 프리슈, 그의 오랜 친구 로렌츠와 함께 공동으로 노벨 생리·의학상을 수상했습니다.

옥스퍼드 대학에서 은퇴한 틴버겐은 동물 행동을 인간 행동에 적용하는 연구를 했고, 말년에는 자폐증 어린이에 대한 연구에도 관심을 가졌습니다. 1988년 사망할 때까지 나나니벌의 집 찾는 행동, 큰가시고기의 짝짓기 행동 그리고 재갈매기의 사회생활 등 많은 연구 업적을 남겼습니다.

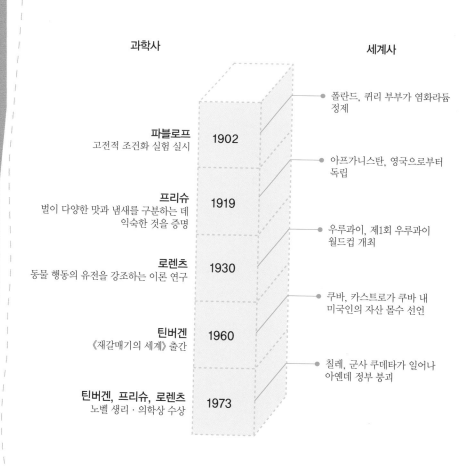

과학사

세계사

폴란드, 퀴리 부부가 염화라듐
정제

파블로프
고전적 조건화 실험 실시

1902

아프가니스탄, 영국으로부터
독립

프리슈
벌이 다양한 맛과 냄새를 구분하는 데
익숙한 것을 증명

1919

우루과이, 제1회 우루과이
월드컵 개최

로렌츠
동물 행동의 유전을 강조하는 이론 연구

1930

쿠바, 카스트로가 쿠바 내
미국인의 자산 몰수 선언

틴버겐
《재갈매기의 세계》출간

1960

칠레, 군사 쿠데타가 일어나
아옌데 정부 붕괴

틴버겐, 프리슈, 로렌츠
노벨 생리 · 의학상 수상

1973

체크, 핵심 내용
이 책의 핵심은?

1. 행동 과학을 연구할 때는 동물들의 행동을 관찰하고 의문이 생기면 □□ 을 설정해야 합니다.
2. 큰가시고기의 짝짓기 행동에서 수컷의 □□□□ 춤은 암컷의 접근을 유발합니다.
3. 동물들은 가끔씩 자연의 실제보다 더 큰 것을 좋아하는데, 이것을 □□□ 자극이라고 합니다.
4. 동물 행동을 일으키는 데 가장 큰 영향을 미치는 내부적 요인은 □□□ 입니다.
5. 동물 행동에는 일종의 학습 행동으로 자극에 대한 감수성이 차차 줄어드는 현상이 생기는데 이것을 □□□ 라고 합니다.
6. 새들의 알 회수 동작에는 외부 자극과 관계없이 일어나는 회수 행동과 외부 자극이 사라지면 없어지는 □□ 행동이 있습니다.
7. 인간이나 동물이 외부 침입자에 대한 경계 행동으로 터를 소유하는 행동을 □□ 행동이라고 합니다.

1. 가설 2. 지그재그 3. 초정상 4. 호르몬 5. 습관화 6. 수정 7. 텃세

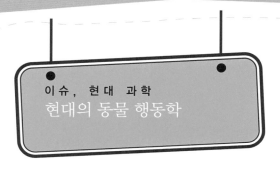

　이타 행동은 최근 동물 행동학의 주요 주제 중 하나입니다. 많은 사람들이 남을 도우며 살아가는 이타적인 행동을 살신성인의 정신이라 칭하며, 이것이 마치 인간만의 고귀한 특성인 것처럼 생각합니다.

　그러나 실제로는 많은 동물들도 자신의 생존 기회를 희생하면서까지 다른 개체의 생존을 돕고 있습니다. 이는 '동물의 이타적 행동'이라고 불리는데, 틴버겐의 제자인 도킨스는 모든 개체가 '자신의 유전자'를 후대에 남기는 것을 목적으로 한다고 주장하고 있습니다.

　물론 동종의 개체가 다 죽어 버리면 번식을 할 수가 없으므로 손해겠지만, '자신의 목숨이 위험한 상황'에서까지 이타적인 행동을 하는 이유는 무엇일까? 순수하게 이타적이라는 것이 가능할까? 사실은 '이타적'으로 보이는 행동이 이기

적인 행동은 아닐까? 왜 이타적 행동이 나타나게 되는가?'
라는 생각을 갖고 최근 동물 행동학 연구가 활발히 이루어지
고 있습니다.

사실 이 같은 연구는 틴버겐의 제자인 해밀턴이라는 과학
자가 시작했습니다. 해밀턴은 '왜 꿀벌들이 자신의 새끼를
낳지 않고 여왕이 낳은 새끼들을 돌보며 사는가?'에 의문을
품기 시작했습니다. 그러나 일벌 개체의 처지에서 보면 손해
(혹은 이타 행동) 보는 행동인데도 여왕의 새끼를 돌보는 편이
유전자 측면에서 훨씬 유리하다는 결론에 이르렀습니다.

행동학에서는 이것을 포괄 적응도라고 합니다. 즉 동물들
이 이타 행동을 함으로써 자신의 유전자를 증가시키는 데 기
여한 전체 효과인 포괄 적응도를 통해 설명하고 있습니다.
개체가 아닌 집단 전체 유전자의 관점에서 보면 더 유리하다
는 것입니다. 그래서 자기와 유전적으로 가까울수록 이타 행
동은 더 잘 일어납니다.

현대의 동물 행동학자들은 이타 행동은 친족 개체들의 번
식 성공률을 높임으로써 진화되었다고 주장하고 있습니다.
이에 반해 친족 관계가 없는 개체에게 베푸는 이타 행동도
도움을 받은 개체가 나중에 호의를 되갚는다면 적응적이 될
수 있다고 생각하고 있습니다.

찾 아 보 기
어디에 어떤 내용이?

과학자가 들려주는 과학 이야기 _(전 130권)

정완상 외 지음 | (주)자음과모음

위대한 과학자들이 한국에 착륙했다!
어려운 이론이 쏙쏙 이해되는 신기한 과학수업,
〈과학자가 들려주는 과학 이야기〉 개정판과 신간 출시!

〈과학자가 들려주는 과학 이야기〉 시리즈는 어렵게만 느껴졌던 위대한 과학 이론을 최고의 과학자를 통해 쉽게 배울 수 있도록 했다. 또한 지적 호기심을 자극하는 흥미로운 실험과 이를 설명하는 이론들을 초등학교, 중학교 학생들의 눈높이에 맞춰 알기 쉽게 설명한 과학 이야기책이다. 특히 추가로 구성한 101~130권에는 청소년들이 좋아하는 동물 행동, 공룡, 식물, 인체 이야기와 최신 이론인 나노 기술, 뇌 과학 이야기 등을 넣어 교육 과정에서 배우고 있는 과학 분야뿐 아니라 최근의 과학 이론에 이르기까지 두루 배울 수 있도록 구성되어 있다.

★ 개정신판 이런 점이 달라졌다! ★

첫째, 기존의 책을 다시 한 번 재정리하여 독자들이 더 쉽게 이해할 수 있게 만들었다.
둘째, 각 수업마다 '만화로 본문 보기'를 두어 각 수업에서 배운 내용을 한 번 더 쉽게 정리하였다.
셋째, 꼭 알아야 할 어려운 용어는 '과학자의 비밀노트'에서 보충 설명하여 독자들의 이해를 도왔다.
넷째, '과학자 소개 · 과학 연대표 · 체크, 핵심과학 · 이슈, 현대 과학 · 찾아보기'로 구성된 부록을 제공하여 본문 주제와 관련한 다양한 지식을 습득할 수 있도록 하였다.
다섯째, 더욱 세련된 디자인과 일러스트로 독자들이 읽기 편하도록 만들었다.